体验科学

科普场馆中的生物学

乔文军　陈宏程　主编

科学普及出版社

·北　京·

图书在版编目（CIP）数据

科普场馆中的生物学/乔文军，陈宏程主编． —北京：科学普及出版社，2020.7
（体验科学）
ISBN 978-7-110-10028-8

Ⅰ．①科…　Ⅱ．①乔…　②陈…　Ⅲ．①生物学—青少年读物　Ⅳ．①Q-49

中国版本图书馆CIP数据核字（2019）第239099号

策划编辑	郑洪炜
责任编辑	李　洁
封面设计	逸水翔天
正文设计	逸水翔天
责任校对	焦　宁
责任印制	马宇晨

出　　版	科学普及出版社
发　　行	中国科学技术出版社有限公司发行部
地　　址	北京市海淀区中关村南大街16号
邮　　编	100081
发行电话	010-62173865
网　　址	http://www.cspbooks.com.cn

开　　本	889mm×1194mm　1/16
字　　数	410千字
印　　张	20
印　　数	1—10000册
版　　次	2020年7月第1版
印　　次	2020年7月第1次印刷
印　　刷	北京瑞禾彩色印刷有限公司
书　　号	ISBN 978-7-110-10028-8/Q·247
定　　价	68.00元

序

科普场馆中藏着大学问。

很久以前，在人们尚未对学科门类进行细致区分的时候，由于面对的自然界是纷繁复杂的整体，所以开启人类文明或者人生智慧萌芽都要经历辨识万物，格物致知。如今，如果你有机会走进大大小小的科普场馆，更是会在眼花缭乱中体会博物洽闻，通达古今。在本书中，我们帮助读者筛选参观学习的"生物学"视角，推荐北京地区的博物馆、公园、动物园和植物园等好玩、有趣、有料的去处，让大家在课程实施的层面玩得更有收获。

我们希望学生了解科学和技术的最新进展，又希望学生关注自己的生活经验，而且特别强调让他们主动去学习。本书的编者团队由科普场馆和学校的老师共同组成。我们期待每一位学生通过学习，能够对生物学产生浓厚的兴趣，对生物学知识有更深入的了解；期待学生在学校课程的基础上，能够在探究能力、学习能力和解决问题能力方面有更好的发展；期待学生能够在责任感、科学精神、创新意识和环境意识等方面得到提高。

如果你是学生，你会体会到学习可以有不同的形式。学习可以不仅仅发生在教室里。你会发现很多学习的内容是生动直观的，很多活动需要完成的任务是让人充满期待的。

如果你是教师，你会获得比教学参考书更丰富的课程资源和活动方案：不仅组织"开放实践活动"有了系统的学习任务单，而且可以为试题的命制提供新颖的素材。

如果你是家长，哪怕是再少的陪伴时间里，也可以从场馆解说老师的角度带孩子走向最值得看的展品和陈设，还可以从科学老师的角度给孩子提出具有教育价值的问题。

国务院《关于深化教育教学改革全面提高义务教育质量的意见》强调，要打造中小学生社会实践大课堂，充分发挥教育基地和各类公共文化设施与自然资源的重要育人作用。北京市重视发挥考试的教育功能，在各科目考试内容中融入、渗透对社会主义核心价值观和思想品德科目内容的考查。扩大选材范围，突出首都特色，贴近生活、注重实践，引导学生积极参加综合实践活动。近年来，北京中考选考科目的测试中均含开放性科学（综合社会）实践活动10分。

　　《科普场馆中的生物学》作为送给青少年的礼物，是众多开放性实践课程建设中的一叶小舟，希望能够助力孩子横渡广博的知识海洋；它是越来越受重视的科普教育丛书中的一片飞羽，希望能够让孩子插上理想的翅膀飞向远方。

2020年6月1日

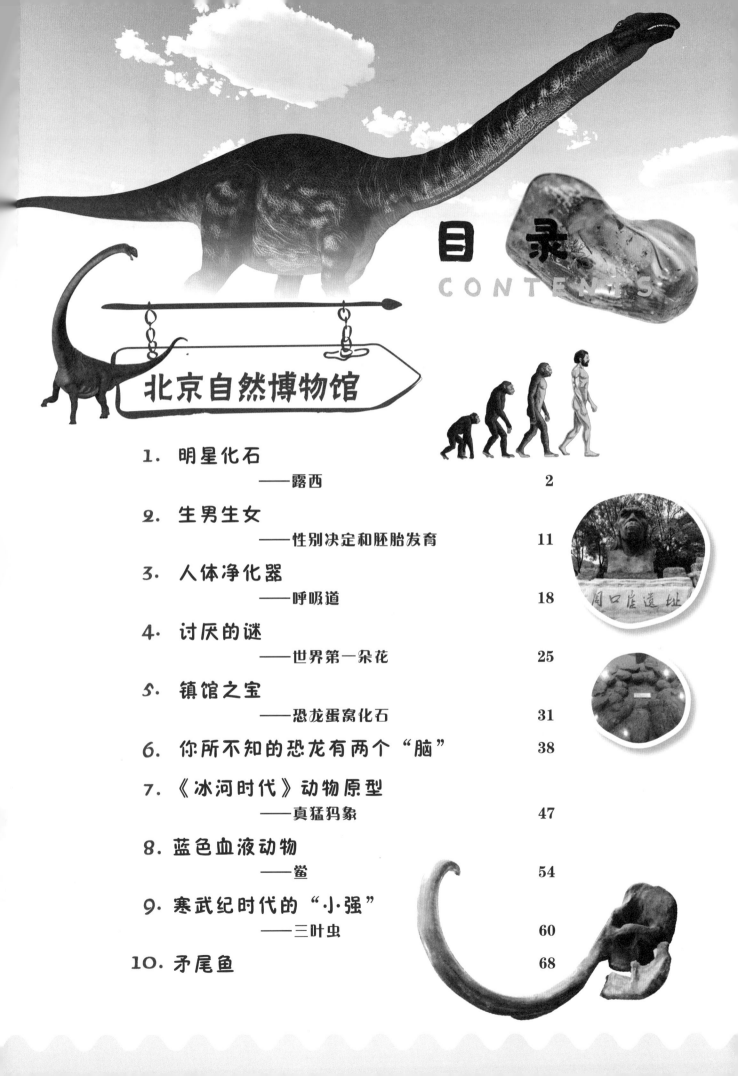

目录
CONTENTS

北京自然博物馆

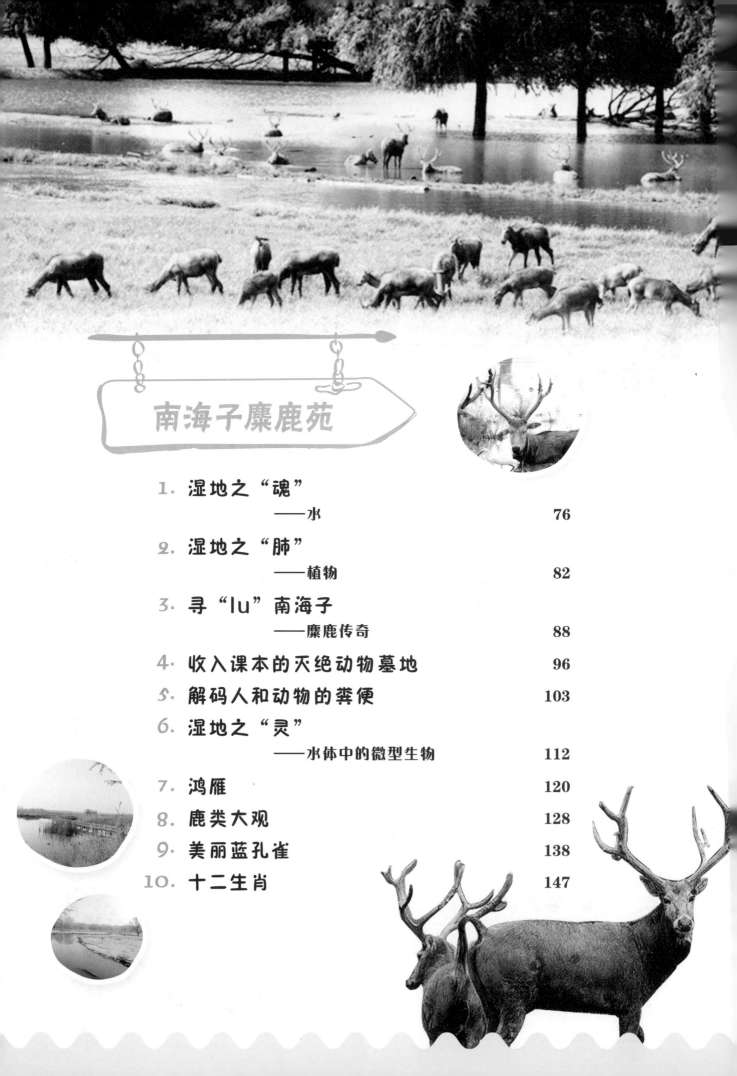

南海子麋鹿苑

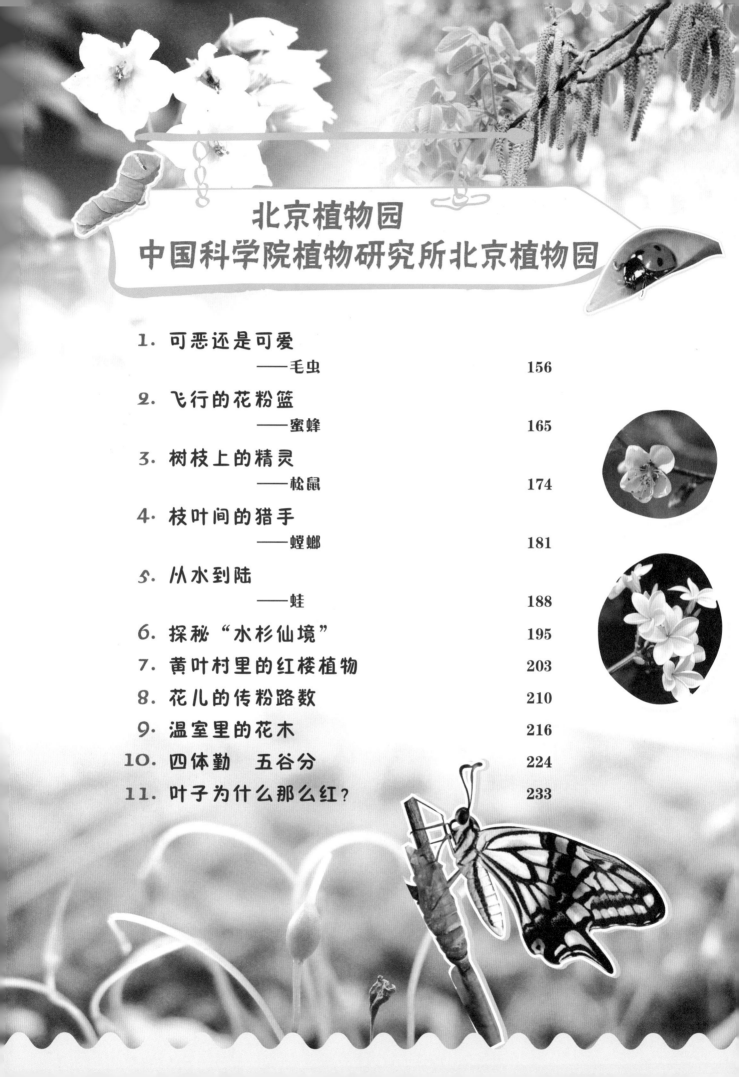

北京植物园
中国科学院植物研究所北京植物园

北京动物园

北京自然博物馆

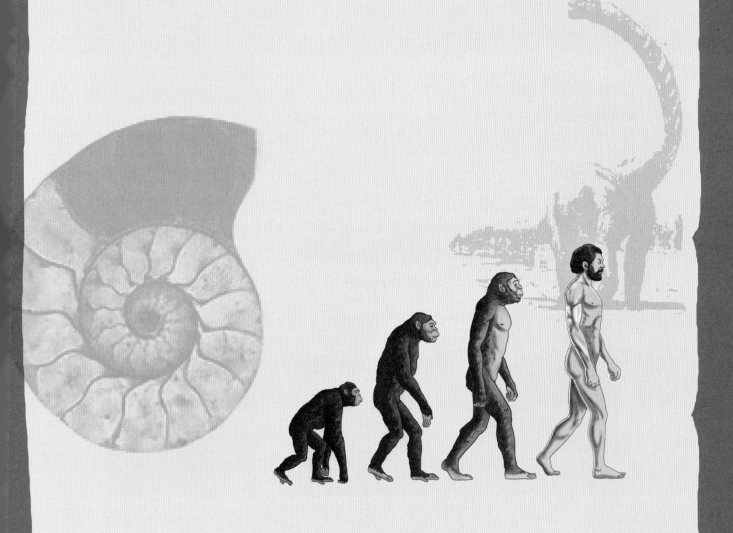

明星化石 —— 露西

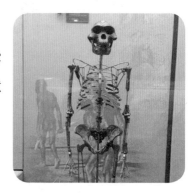

聚焦问题

你知道第一个直立行走的人是谁吗？20世纪70年代，露西的发现让人类欣喜若狂。她的发现者激动地说："某种意义上，我觉得我们发现了一位母亲。"

学习导图

课标要求 概述人类的起源和进化，形成生物进化的基本观点。

核心素养 科学世界观在生命科学中的体现，培养学生用事实、实证、逻辑、推理和论证进行思维的能力。

化石

北京猿人
周口店北京人遗址博物馆

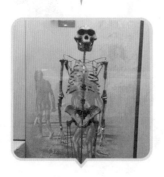

露西
北京自然博物馆

硅化木
北京教学植物园

🔍 寻找证据

🏛 探究地点

北京自然博物馆南二层"人之由来"展厅。

📋 展品信息

露西少女

编号为AL-288-1的化石标本（昵称：露西），是目前发现的第一个南方古猿阿法种的骨架。1974年，唐纳德·约翰森（古人类学家）等人在埃塞俄比亚阿法尔谷底阿瓦什山谷的哈达尔发现了她。该化石保存了约40%的骨架，在当时是已知最为完整的人科化石骨架。资料显示，露西的真品保存在埃塞俄比亚国家博物馆。北京自然博物馆内展出的为经过重建的原件倒模复制品。

在2010年上海世博会期间，露西的复制品也曾亮相于非洲联合馆埃塞俄比亚展区。

露西生活在距今320万年之前。她曾被认为是第一个直立行走的人，是当时人类的最早祖先。根据对化石的分析，露西兼有现代人和黑猩猩的特征：具有小而低的头盖骨，下颌向前突出，脸和颌骨较大。胸廓形状和腿部形状表明其可以直立行走，有力的手臂和手臂长度表明她的攀爬能力也很强。

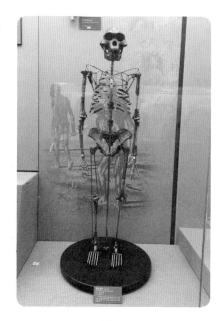

露西

思考讨论

1. 对比观察"人之由来"展厅的各种猿人头骨模型，记录他们的脑容量数值。

2. 露西的下肢和骨盆有什么特点？为什么说她是能直立行走的？

 科学实践

从骨骼上探究人类进化的步伐

　　人类起源于森林古猿，是从灵长类经过漫长的进化过程一步一步发展而来的。人类的进化通常分为：南方古猿、能人、直立人、智人四个阶段。其中，南方古猿能使用天然的工具，但不能制造工具；能人能制造简单的工具（石器）；直立人会打制不同用途的石器，学会了用火，是人类进化最关键的一个阶段；智人学会了人工取火，会制造精细的石器和骨器。

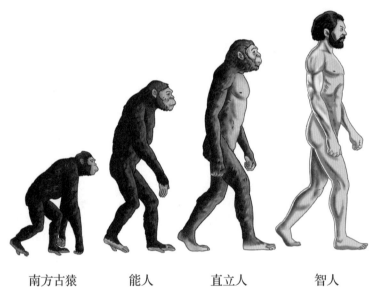

南方古猿　　　　能人　　　　直立人　　　　智人

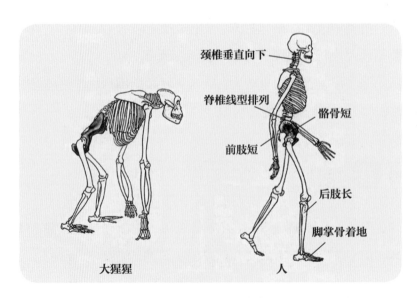

大猩猩骨骼与人骨骼

露西属于南方古猿阿法种，被看作是人类起源研究领域里程碑式的发现。她被认为是目前世界上最重要的古人类化石，距今约有320万年历史。请观察和测量猿类、露西、现代人骨骼，列表比较这些骨骼的主要特点。

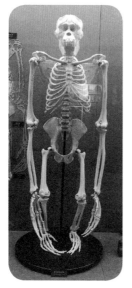

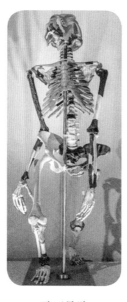
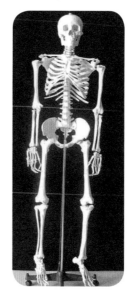

猿类骨骼 　　　　露西骨骼 　　　　现代人骨骼

项　目	猿　类	露　西	现代人
头骨估测容量			
肩关节盂朝向			
上下肢长度比例			
指骨弯曲程度			
上胸部和下胸部			
脊椎体			
骶椎骨小，稳定性差			
髋部：上下、前后、左右径			
股骨头大小、股骨颈长短			
骶关节、膝关节、踝关节，推测行走的稳定性			
行走和运动方式及证据			

猿类：

露西：

现代人：

人类之母——露西

在研究人类的起源问题上，化石是重要的证据。露西是1974年在埃塞俄比亚发现的一具南方古猿阿法种的古人类化石的代称。这具骨化石在发现时存留了40%的骨架。据推断，露西生前是一位20多岁的女性。根据骨盆情况推算，她曾生过孩子，脑容量约为400毫升。资料显示，露西的真品保存在亚的斯亚贝巴的埃塞俄比亚国家博物馆。

露西生活在距今320万年之前。她被认为是第一个直立行走的人类，是当时所知人类的最早祖先。

这具南方古猿的化石之所以得名露西，是因为发现者在当时播放了一首披头士乐队的歌曲 Lucy in the Sky with Diamonds。

露西的发现是世界古生物学的里程碑事件。露西是一位高1.10米的女性，结合了现代人类和黑猩猩的特征。虽然她的大脑体积小，但是四肢和骨盆说明可由双足支撑直立。在露西的发现地旁边，还有一些脚印。根据对脚印形状、深度等模拟分析，并与露西化石综合比较，研究人员得出：露西不仅可以直立行走，还会爬树。在她被发现3年后，这种新的原始人种被命名为阿法南方古猿。

2008年，科学家卡佩尔曼对露西骨骼化石进行了X射线扫描，发现其右侧肱骨有一处罕见的裂缝。在与整形外科医生核对后，卡佩尔曼确认，这是从一个相当高度摔落造成的骨折伤口。此外，他们还在露西的左肩、左膝和骨盆等处的骨骼上发现了类似裂痕，皆符合高处摔落的特征。因此，科研人员推测露西可能是从树上摔落致死的。

虽然露西的骨骼化石不完整，但也可从中看出肱骨较细短，股骨较粗长，二者有明显不同。通过这一事实，可以初步推测露西采用直立行走的运动方式。在研究中人们还发现，人和类人猿的骨骼在结构上差不多是相同的，内脏结构也非常相似，人和类人猿的胚胎在五个月以前几乎完全一样。这些事实说明人和类人猿有较近的亲缘关系，有共同的祖先——森林古猿。由于人类可以制造复杂的工具、食用烧烤后的食物，利于脑的发育，所以人脑越来越发达。关于人类的起源，我们目前普遍接受的是达尔文进化论的观点。

 触类旁通

人类文明第一把圣火

中国人点燃了人类文明第一把圣火。

火是人类赖以生存和发展的一种自然力。在西方神话中，普罗米修斯从太阳神阿波罗那里盗走火种，给人类带来光明。但在人类进化史上，其实是180万年前，我们的中华民族祖先在山西西侯度点燃了第一把"圣火"，迈出了认识自然、利用自然的关键一步，开启了人类文明新纪元，为中华民族薪火相传、发展壮大提供了不竭动力。

据资料记载，西侯度遗址是我国早期猿人阶段文化遗存的典型代表。1957年，考古工作者在风陵渡西北的匼河村一带发现了几处旧石器地点。1961—1962年，山西省博物馆对西侯度遗址进行了两次发掘，出土了一批人类文化遗物和脊椎动物化石。在这批文化遗物和动物化石中，考古学家发现了带切痕的鹿角和动物烧骨。从当前已知的考古发现来说，人类最早用火的地方就在西侯度，人类文明的第一把圣火就是从黄河岸边开始燃起的。

人类的起源和进化是一个神秘又有趣的问题。1929年，我国史前考古学家、古生物学家裴文中教授在北京周口店遗址发现50万年前的"北京猿人"头盖骨化石、用火遗迹和人工石器而震惊世界，"北京猿人是人类最早的祖先"得到公认。

西侯度遗址火烧骨的发现，把中国古人类用火的历史推到180万年前。

那么，人类到底是从什么时候开始掌握并使用火的呢？这个问题需要更多的化石证据来解答。

明星化石——露西

你或许已经在教科书中看到过关于露西的描述。今天，我们将在"人之由来"展厅，寻找人类进化的证据，对比露西与其他人类祖先的年代和特点。

一、选一选

1. 下列关于露西的叙述，错误的一项是（　　　）。

A. 露西是南方古猿这一人类演化阶段的代表

B. 露西能够直立行走

C. 露西所处阶段是从猿到人期间

D. 露西属于智人

2. 事实是能被证明真假的陈述，观点是在说一种信念、感觉、看法，无法证明真假。下列说法中（　　　）是事实，（　　　）是观点。

A. 类人猿和人类的骨骼有许多相似之处，如两者的骨盆宽大等

B. 东非人的石块的形状很像工具

C. 人类的祖先生活在非洲的热带丛林

D. 现代类人猿和人类有共同的祖先

二、填一填

地猿

后肢既能抓握也能奔跑，

女性阿迪是地猿＿＿＿＿种。

南方古猿
首次发现于南非的＿＿＿＿＿＿＿，
露西是南方古猿＿＿＿＿＿＿＿种。

能人
1470号头骨，脑容量大，
可使用语言，称＿＿＿＿＿＿＿。

直立人
会用火煮熟食物，中国的
周口店发现的＿＿＿＿＿＿＿。

开放性问题

三、想一想

人类的发展概述：

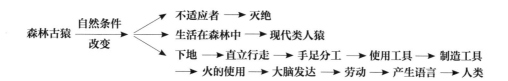

人类和现代类人猿的比较：

（1）类人猿也叫猿类，包括大猩猩、黑猩猩、猩猩和长臂猿等。这些动物因与人类的亲缘关系最为接近，形态结构也与人类十分相似，所以统称为类人猿。

（2）类人猿与人类最为相近的体质特征是具有复杂的大脑和宽阔的胸廓，拥有盲肠、蚓突和扁平的胸骨。此外，类人猿在牙齿的数目与结构、眼的位置、外耳的形状、血型，以及怀孕时间和寿命长短等方面与人类也十分相近。但是，类人猿具有前肢长于后肢、半直立行走和善于臂行等特点，这些与人类具有明显的区别。

（3）森林古猿生活在距今1200多万年前，是在热带雨林地区生长的古代灵长类动物。森林古猿是人类最早的祖先，但并不是所有的森林古猿都是人类的祖先，有些是现代类人猿的祖先。

那么，现在类人猿还会进化成人吗？

四、我的天地　（日志、绘本、照片、手抄报等）

撰稿：陈宏程　金　淼

2 生男生女 ——性别决定和胚胎发育

聚焦问题

美丽的人生都是从一个受精卵开始的。那么，性别是由什么决定的？胚胎又是如何发育的呢？

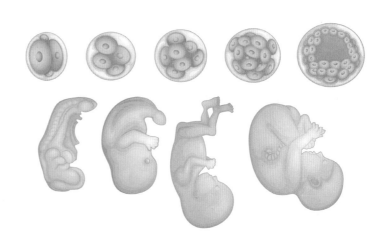

学习导图

课标要求 解释人的性别决定因素，描述胚胎发育过程。

核心素养 生物体的遗传信息会一代代传递下去，遗传信息控制生物性状。研究生命科学最基本的方法。

DNA和胚胎

人类基因组
中国科学技术馆

胚胎
北京自然博物馆

水稻基因组
中国科学院植物研究所北京植物园

11

寻找证据

🏛 探究地点

北京自然博物馆地下一层"走进人体"展厅。

展品信息

性别决定，从生物育种学看，指有性繁殖生物中，产生性别分化，并形成种群内雌雄个体差异的机理。在细胞分化与发育上，由于性染色体上性别决定基因的活动，胚胎发生了雄性和雌性的性别差异。从遗传学上看，则是在有性生殖生物中决定雌、雄性别分化的机制。

性别决定是指细胞内遗传物质对性别的作用，受精卵的染色体组成是性别决定的物质基础。

人的性别由两条不同的性染色体决定，XX染色体型是女性，XY染色体型为男性。科学研究表明，X精子和Y精子的受精概率基本上各为50%。

从卵子受精到胎儿出生的时期称为胚胎时期。人的生命从受精卵开始，约要经历280天的胎内发展。这个时期的发展分为三个阶段：胚种期（0~2周）、胚胎期（3~8周）和胎儿期（9~38周）。

思 考 讨 论

1. 人的性别是由什么决定的？理论上生男生女的概率是多少？
2. 胚胎发育中最易受外界影响的是哪个时期？怀孕时应该注意什么？

科学实践

体验妈妈怀孕的艰辛

母亲节是每年5月的第2个星期日。母亲在这一天通常会收到孩子的礼物。康乃馨常被视为献给母亲的花，而中国的母亲花是萱草花，又叫忘忧草。

母亲在怀孕期间是艰辛的：在约38周的时间里，要克服许多生理和心理的困难，把孩子带到这个世界上。

若条件允许，可穿上重约6千克的孕妇体验服来完成北京自然博物馆的探究活动（这个重量相当于孕妇怀孕6个月时的增重）。也可在腹部绑上书包或枕头，模仿母亲怀孕时打扫卫生、捡东西等基本动作，体验母亲怀孕时的艰辛。

通过观看孕妇生活和分娩的视频，你会知道母亲怀孕时会有什么样的不方便，如感冒了不敢乱吃药、妊娠反应影响饮食以及晚上失眠等。

请记录下你的感受，并与妈妈进行交流，向妈妈说声：我爱您！在母亲节、妈妈的生日和你的生日等重要日子里，给妈妈一个庄重而温馨的祝福礼。

科普阅读

性别决定方式和类型

1．决定方式

不同的生物，性别决定的方式也不同。性别的决定方式有：环境决定型（如温度决定，包括蛙、部分爬行类动物）；年龄决定型（如鳝）；染色体数目决定型（如蜜蜂和蚂蚁）；染色体形态决定型（即基因决定型，如人类和果蝇等XY型、天鹅和蛾类等ZW型）等。

2．决定类型

XY型性别决定：凡是雄性个体有2个异型性染色体、雌性个体有2个相同的性染色体的类型，称为XY型。全部哺乳动物、大部分爬行类、两栖类和雌雄异株的植物（如女娄菜、菠菜、大麻等）都属于XY型性别决定。在哺乳动物的性别决定中，XY是雄性，XX是雌性。

ZW型性别决定：凡雌性个体具有2个异型性染色体、雄性个体具有2个相同的性染色体的类型，称为ZW型。鸟类、鳞翅目昆虫、某些两栖类及爬行类动物的性别决定属于这一类型。例如，家鸡、家蚕等。

XO型性别决定：蝗虫、蟋蟀等直翅目昆虫和蟑螂等少数动物的性别决定属于XO型。

ZO型性别决定：鳞翅目昆虫中的少数个体，雄性为ZZ、雌性为ZO的类型，称为ZO型性别决定。

染色体的单双倍数决定性别：蜜蜂的性别由细胞中的染色体倍数决定。雄蜂由未受精的卵发育而成，为单倍体。雌蜂由受精卵发育而成，是二倍体。营养差异决定了雌蜂发育成可育的蜂王还是不育的工蜂。若整个幼虫期以蜂王浆为食，幼虫则发育成体大的蜂王；若幼虫期仅食2～3天蜂王浆，则发育成体小的工蜂。膜翅目昆虫中的蜜蜂、胡蜂、蚂蚁等都属于此种类型。

环境条件决定性别：有些动物的性别，是由其生活史发育的早期阶段的温度、光照或营养状况等环境条件决定的。比如，大多数龟类无性染色体，其性别取决于孵化时的温度。乌龟卵在20~27℃条件下孵出的个体为雄性，在30~35℃条件下孵出的个体为雌性。鳄类在30℃以下孵化则几乎全为雌性，高于32℃孵化时雄性则占多数。我国特有的活化石扬子鳄，如果将巢穴建于潮湿阴暗的弱光处可孵化出较多雌性，巢穴建于阳光曝晒处则可孵化出较多的雄性。

基因决定性别：某些植物既可以是雌雄同株，也可以是雌雄异株，这类植物的性别往往是靠某些基因决定的。如葫芦科的喷瓜，决定性别的是三个复等位基因。

性反转现象：在一定条件下，动物的雌雄个体相互转化的现象称为性反转。鱼类的性反转是比较常见的，如黄鳝的性腺，从胚胎到性成熟是卵巢，只能产生卵子，产卵后的卵巢慢慢转化为精巢，只产生精子。所以，黄鳝一生中要经过雌雄两个阶段。成熟的雌剑尾鱼会出其不意地变成雄鱼，老的雌鳗有时会转变成雄鳗。鸡也有"牝鸡司晨"现象，且可用激素使性未分化的鸡胚转变性别。

触类旁通

植物有性别吗

果肉的生物学性别取决于结果植株，而种子的性别由有性生殖过程决定，因此水果大多是雌雄兼具的。但在一些罕见的情况下，植物会结出纯雌性的果实。

绝大多数"雌性果实"不是经过正常的授粉过程产生的，获得它有两种途径：一是单性结实，即胚珠不受精而子房发育，形成完全没有种子的果实。常见的单性结实水果有温州蜜柑（即无核蜜橘）和脐橙，这两类水果的所有品种都只能结出"雌性的"果实。另外，番茄和黄瓜的很多品种也能在自然状态下单性结实。二是无融合生殖，又名孤雌生殖，指胚珠不受精即发育，而子房则发育成含有种子的果实。比较著名的无融合生殖水果有山竹、覆盆子和黑莓等蔷薇科悬钩子属水果。这些水果的繁育方式是非专性无融合生殖，部分果实是有性生殖产生的，但从外观上完全无法分辨。

严格意义上的"雌性水果"应该是由纯雌性植株通过无融合生殖产生的，从果皮到种子都没有一点雄性成分。番木瓜有完全开雌花的雌株、完全开雄花的雄株和开雄花与两性花的两性植株，异株授粉结实为主，兼有单性结实和无融合生殖。在人工隔绝授粉条件的情况下，番木瓜雌株结出的无融合生殖果实最多可占果实总量的80%，于是番木瓜又被人称为"妇女之友"水果。

你能说清楚纯雌性的果实形成的两个途径吗？

学习任务单

生男生女——性别决定和胚胎发育

来到"走进人体"展厅，带着好奇心，来一次人体探秘之旅吧。

选择题

一、选一选

1. 人的胚胎在母体子宫内发育的时间一般为（　　）天左右。

A. 120　　B. 365　　C. 280　　D. 266

2. 人的性别决定是在（　　）。

A. 胎儿形成时　　B. 胎儿发育时　　C. 形成受精卵时　　D. 受精卵分裂时

3. 下列与性别决定有关的叙述，正确的是（　　）。

A. 蜜蜂中的个体差异是由性染色体决定的

B. 玉米雌花和雄花的染色体组成相同

C. 鸟类、两栖类的雌性个体都是由两条同型的性染色体组成的

D. 环境不会影响生物性别的表现

非选择题

二、填一填

蜜蜂的染色体数目及其性别决定

有的生物的性别不是由性染色体决定，而是由染色体数目决定的，如蜜蜂。蜜蜂是社会性昆虫，有蜂王、雄蜂和工蜂之分。

蜂王　　　　　　雄蜂　　　　　　工蜂

在蜜蜂的婚配飞行中，蜂王和雄蜂交配后，雄蜂完成了自己的使命便结束了生命，而蜂王却得到了一生足够用的精细胞。雄蜂的精液可以在蜂王的体内保存数年而保持活力并具有受精能力。这些精细胞储存在蜂王的贮精囊内。蜂王产下的每一窝卵中，有少数是没有与精细胞结合的。这些未受精的卵细胞的染色体数是16条，将来发育成雄蜂。受精卵的染色体数是32条，可以发育成有生育能力的蜂王，也可以发育成不具有生育能力的工蜂。它们发育的结果取决于发育时的营养供给。

蜂王是蜜蜂群体中唯一能正常产卵的雌性蜂。它产的卵分未受精卵和受精卵两种。未受精卵发育成雄蜂，受精卵因后天营养不同，可以分别发育成工蜂或蜂王。蜂王的寿命可长达几年，而雄蜂只能活几个月，工蜂的平均寿命（在采蜜季节）只有45天左右。所以，蜂王通常是蜂群中其他成员的母亲，故有人也把蜂王称为母蜂。

工蜂是蜂群中繁殖器官发育不完善的雌性蜜蜂。在蜜蜂群体中，数目最多、最为忙碌的就是工蜂了。工蜂并非天生没有性别，而是在出生后被夺去。其实，它们可否发育成蜂王，取决于出生后的饮食。从卵中孵化后，如果它们连吃5天的蜂王浆，蜂体发育速度就快，16天就能发育成能生育的蜂后；但如果它们只吃了2～3天的蜂王浆，发育速度就会变得慢了，21天后才能变为成虫，长大后它们虽然仍是雌性的，但却失去了生育能力，成了工蜂。

蜂王是由_____卵发育的，雄蜂是由_____卵发育的是_____倍体，工蜂是由_____卵发育的是_____倍体。蜂王和工蜂都是由_____卵发育的，但生育能力不同，是由_____决定的。

三、想一想

如何辨别银杏树雌雄

银杏属裸子植物，是我国普遍种植的园林及庭院观赏树种，其树势端庄秀美，树干挺拔，叶形古雅、独特，很受人们喜爱，因而种植银杏的人也越来越多。银杏树是雌雄异株树种，极少为雌雄同株，一般雌雄同株的银杏树也是后天人工嫁接的。银杏树雄树只开花。雌树种子成熟后外种皮常散发出难闻气味，因此城市园林绿化不宜多种雌株。因此，鉴别银杏的雌雄株是合理种植的前提。

你在这个方面有没有感兴趣的问题呢？请你拟定一个研究课题，并尝试通过文献查询和专家访谈，以及实验和观察的方法完成小课题的研究。

四、我的天地 （日志、绘本、照片、手抄报等）

撰稿：陈宏程　金　淼

人体净化器 ——呼吸道

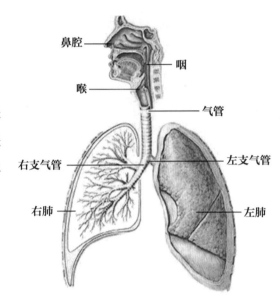

鼻腔
咽
喉
气管
右支气管
左支气管
右肺
左肺

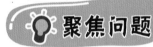
聚焦问题

　　婴儿是哭着来到这个世界上的。"哭"是新生儿呼吸的开始。吸入外界的空气，人体是否有自身的净化结构呢？呼吸道就是我们人体生而有之的"净化器"。

学习导图

 课标要求 描述人体呼吸系统的组成。

 核心素养 结构和功能的关系、调节和平衡的关系。

呼吸道与空气净化

人体保卫战
中国科学技术馆

呼吸道
北京自然博物馆

雾霾与呼吸疾病
校医室

🔍 寻找证据

🏛 探究地点

北京自然博物馆地下一层"走进人体"展厅。

🏷 展品信息

我们的生命需要依靠呼吸来维持，而呼吸需要呼吸道和肺共同协助完成。呼吸道是气体进出肺的通道，包括鼻腔、咽、喉、气管和支气管。在呼吸过程中，空气中的氧气通过呼吸道进入肺泡，借助毛细血管壁进入血液，为全身供氧；身体产生的二氧化碳通过血液运送回肺部，进入肺泡，经呼气排出体外，完成呼吸过程，实现和外界的气体交换。

呼吸道内表面上的黏液和纤毛可以温暖（或冷却）、湿润和净化吸入的空气，将一些颗粒物阻挡并排出体外。如果有颗粒刺激了呼吸道，就会通过咳嗽和打喷嚏将其排出体外，起到保护人体的作用。

由于雾霾中颗粒物直径小，可以进入呼吸道的深部。直径10微米的颗粒物通常沉积在上气道，对我们的健康影响相对比较小。而直径2微米以下的颗粒物则可以深入细支气管和肺泡结构，同时还可以穿过肺泡结构进入血液，对人体影响比较持久且危害也较大。这也是为什么在谈到雾霾天气的时候我们常提到$PM_{2.5}$。因为$PM_{2.5}$以下的颗粒物对我们人体的影响更大。

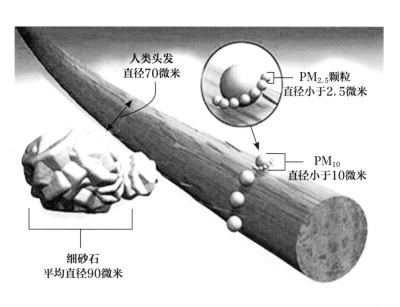

人类头发
直径70微米

$PM_{2.5}$颗粒
直径小于2.5微米

PM_{10}
直径小于10微米

细砂石
平均直径90微米

💬 思考讨论

1. 为什么说呼吸道是人体的"净化器"？呼吸道能完全净化人体吸入的空气吗？
2. 雾霾和$PM_{2.5}$是否是一回事？

 科学实践

走近生活

问题1：为什么不能随地吐痰？

气管内壁上的纤毛向咽喉方向不停地摆动，把外来的尘粒、细菌、病毒和黏液一起送到咽部，并通过咳嗽把痰排出体外。因为痰里含有细菌、病毒和灰尘，所以不能随地吐痰。

科学实验显示，一口痰中包含有约5000万个病菌，而患有呼吸道疾病的人，一天咳出的痰中至少含有约30亿个病菌。一般性的流行性感冒、肺炎、结核病等大都是通过空气中的病菌传播的。结核病菌在正常温度下，可在空气中生存半年。由于痰里含有蛋白质，因此冠状病毒可以在痰中存活较长时间，一般都超过24小时。如果不经处理，痰迹干了以后，病菌就会随风飘浮在空气中，极易被其他人吸进肺里进而患病。

新冠病毒携带者和感染的患者吐出的痰，相当于病毒的"培养器"。一口痰中"驻扎"成千上万的新冠病毒。当这些病毒挥发到空气中，经风一吹就会在空气中扬起。健康的市民通过呼吸带病毒的空气，很容易"中招"。如果不小心踩到了带病毒的痰，那还会把病毒带回家，不知不觉"中招"。

所以有"小小一口痰，细菌病毒千千万"之说。对每个人来说，为了您的家人和周围人的健康，务必请做到：不随地吐痰，处理好痰液。我们是新时代的年轻人，理应养成良好的卫生习惯。

问题2：是北方人鼻子高还是南方人鼻子高？

按照地域特点，气候越冷的地方的人鼻子越大，鼻梁越高。鼻子长且大是人体器官适应气候的结果。欧洲人，尤其是俄罗斯人生存环境寒冷，所以他们都长着长且大的鼻子。但是非洲人的鼻子都是宽且短的，这是为了散热。

科普阅读

大气颗粒物与健康效应的相关关系

课题小组对某中学初中部进行了$PM_{2.5}$/PM_{10}浓度特征及与人体健康关系的研究，共发放问卷210份，其中有效问卷205份。问卷内容涉及三个方面：学生居住地；学生及家人感冒次数与季节及大气状况的关联；雾霾天身体不良反应情况。

调查结果显示：被调研学校90%的学生居住在北京五环以内的人口密集区域，调查问卷所涉及的学生与家长属于青少年及中年群体，48.7%的学生认为自己及家长感冒与季节和雾霾天气有关联，即冬天、雾霾天更容易发生呼吸道感染；雾霾天身体的不良反应大多是打喷嚏、咳嗽、嗓子疼等与呼吸系统相关的反应。

此学校初中部校医处2012年冬季、2013年冬季和2014年夏季病假人数统计数据表明，学生冬季病假人数明显高于夏季病假人数，其中呼吸道疾病人数季节性变化更明显，这与调查问卷中学生所反映的情况相一致。

学校初中部病假人数统计表

	2012年冬季	2013年冬季	2014年夏季
请病假总人数（人）	119	72	48
患呼吸道疾病人数（人）	98	50	9
患呼吸道疾病人数所占比例（%）	82.35	69.44	18.75

2012年冬季、2013年冬季和2013年夏季、2014年夏季，天坛医院呼吸科门诊及住院人数统计数据显示，夏季呼吸道疾病就诊人数明显低于冬季就诊人数。这与PM_{10}、$PM_{2.5}$浓度的季节性变化规律一致，即冬季浓度高患病人数多，夏季浓度低患病人数少。

天坛医院呼吸科门诊及住院人数统计

时间	2012年12月	2013年1月	2013年6月	2013年7月	2013年12月	2014年1月	2014年6月
呼吸科门诊人数（人）	4882	4326	3696	3120	5540	4633	4012
呼吸科住院人数（人）	100	75	50	42	110	106	60

由2012年冬季、2013年冬季和2014年夏季学校初中部病假人数与相同时期的PM_{10}、$PM_{2.5}$浓度对比可以看出，采样期间，冬季可吸入颗粒物浓度高，学生病假人数、呼吸道患病人数增多，夏季可吸入颗粒物浓度低，呼吸道患病人数也减少。其中2013年冬季寒假放假比2012年早10天，所以学校统计的2013年病假人数比2012年有所减少。

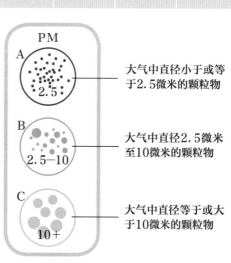

可吸入颗粒物粒径对人的影响

空气中的可吸入颗粒物粒径有大有小，2.5微米是可以到达肺部的颗粒物的临界值。因此，细颗粒物（$PM_{2.5}$）占可吸入颗粒物（PM_{10}）比例越高，颗粒物对人体所造成的健康损害就会越大。

采样期间，$PM_{2.5}$占PM_{10}比例的变化曲线与天坛医院呼吸科就诊人数的变化曲线相一致，2013年冬季$PM_{2.5}$占PM_{10}比例最高，呼吸科就诊人数也最多。

 触类旁通

"吸烟"的危害

抽烟时喷出的烟雾可散发超过4000种气体和粒子物质。这些物质中的大部分都是很强烈的刺激物，其中至少有40种可引发人类或动物患癌。在抽烟者停止吸烟后，这些粒子仍能停留在空气中数小时，可被其他非吸烟人士吸进体内，亦可能和氡气的衰变产物混合在一起，对人体健康造成更大的伤害。

吸烟危害吸烟者本人健康的同时，也危害非吸烟者的健康。除刺激眼、鼻和咽喉外，它也会明显地增加非吸烟者（吸二手烟者）患上肺癌和心脏疾病的机会。如果儿童与一些吸烟人士同住的话，他们的呼吸系统会较容易受到感染。吸烟的影响还包括咳嗽、气喘、痰多、损坏肺部功能和减缓肺部发育等。

学习任务单

人体净化器——呼吸道

在"走进人体"展厅，你可以探究呼吸道，知道人体对空气有一定的净化作用，意识到养成良好卫生习惯的重要性。

选择题

一、选一选

1. 痰是由（   ）组成的

①鼻涕　　　②黏液　　　③细菌　　　④唾液　　　⑤灰尘

A. ①③⑤　　　　B. ②③④　　　　C. ②③⑤　　　　D. ③④⑤

2. 人体呼吸道的作用包括（   ）

①清洁空气　　　②温暖空气　　　③湿润空气　　　④吸收氧气

A. ①　　　B. ①②　　　C. ①②③　　　D. ④

非选择题

二、答一答

呼吸系统是由呼吸道和肺组成的。呼吸系统中的鼻、咽、喉、气管、支气管，是气体进出肺的通道，叫作呼吸道。

1. 呼吸道的哪些结构能保证气流通畅？

2. 呼吸道除了保证气流通畅，还有哪些作用？这些作用是如何实现的？

3. 有了呼吸道对空气的处理，人体就能完全避免空气中有害物质的危害吗？

4. 北欧的冬天非常寒冷，在那里生活的人与在赤道附近生活的人相比，鼻子的形状可能有什么特点？为什么？

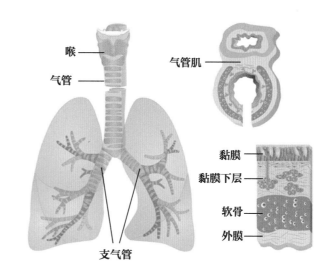

喉
气管肌
气管
黏膜
黏膜下层
软骨
外膜
支气管

开放性问题

三、想一想

雾霾天最遭殃的是不是呼吸道疾病患者

很多人认为，雾霾天气最遭殃的是呼吸道疾病患者，其实心血管疾病患者比他们更"惨"。

国外研究显示，雾霾会危害心血管病患者。美国有一项针对750万例心血管住院患者历时8年的调查，结果显示，$PM_{2.5}$每增加10个单位，缺血性心血管事件危险度就增加1.18倍。在污染发生的当天，心血管病患者暴露在雾霾天气中，1~2小时发病率会急剧上升，当天、次日发作的病例也明显增加。

在另一项研究中，有人对50万名成年人随访16年，发现$PM_{2.5}$每上升10个单位，年均心血管疾病死亡率升高4%，呼吸系统疾病死亡率升高6%，肺癌死亡率升高8%。国内外研究均证实，雾霾天气首先危害的是心血管疾病患者，其次才是呼吸道疾病患者。

在雾霾天气严重时，已经明确诊断有心血管疾病的患者最好在家不要外出，不建议进行跳广场舞等活动，另外应该坚持遵医嘱按时服药。

另外，我们还应该保持平和的心态，为治理雾霾做出一些实际行动。例如，不开私家车改乘公共交通工具、家中少做煎炒烹炸类食物、不吸烟、不放鞭炮等。如果经济条件允许，最好在家里置办空气净化器，改变家庭小环境。

在雾霾天，我们应该怎么做对身体健康有益？

四、我的天地　（日志、绘本、照片、手抄报等）

撰稿：陈宏程　金淼

4

讨厌的谜 ——世界第一朵花

聚焦问题

花是美丽的象征，代表了植物世界繁殖策略的最高水平。世界第一朵花是什么样子的？为什么被达尔文称为被子植物起源"讨厌的谜"？

学习导图

课标要求	核心素养
概述花的结构。概述生物进化的主要历程。形成生物进化的基本观点。	进化和适应的关系，推理和论证。

第一朵花

马铃薯在罐子发芽生长
嫦娥四号任务月球车"玉兔二号"

辽宁古果
北京自然博物馆

百日菊
北京植物园

寻找证据

🏛 探究地点

北京自然博物馆二层"植物世界"展厅。

📋 展品信息

1998年，中国学者首次在辽西北票地区发现了当时认为的世界上最早的被子植物——距今约1.5亿—1.2亿年前晚侏罗世的辽宁古果。辽宁古果是一朵古老而原始的"花"，主枝和侧枝是伸长了的花托，那些"叶子"实际上是心皮，里面包裹着种子，因此被誉为第一朵"花"。

科学研究表明，"辽宁古果"这种原始被子植物比以往发现的早期被子植物要早1500万—2000万年。尤为珍贵的是，辽宁古果化石清晰地显示了胚珠（种子）由心皮包藏这一被子植物的典型特征，无可争辩地被国际古植物学家认定为"迄今首次发现的有确切证据的世界最早的花"。根据研究发现，辽宁古果已经具备了花的基本特征：它有花蕊，豌豆大小的果实8～12粒。科学家由此提出了东亚为被子植物起源中心的假说，引起学术界和大众媒体的广泛关注。北京自然博物馆展厅展出的为复制品，原件保存于中国科学院南京古生物研究所。

其实早在100多年前，英国生物学家达尔文就发现了距今约1亿年的白垩纪地层中，有大量的被子植物化石存在，而最早的被子植物是什么样子的？最早的花是什么样子的？被子植物是如何进化而来的？这些问题一直没有线索，因此被称为"讨厌的谜"。第一朵花的发现在一定程度上用化石证据弥补了这一空白，更多的证据还需要科学家不断地去发现和探索。

随后，科学家于2002年又发现了中华古果化石。

思考讨论

1. 裸子植物有"花"吗？银杏树结出的是果实吗？

2. 辽宁古果化石的发现对研究植物的进化有什么意义？

 科学探究

中国空间站搭载青少年科学实验方案征集

中国科协青少年科技中心和中国宇航学会共同举办空间站搭载青少年科学实验方案征集、"我的太空家园"全国太空画创作大赛、"诗画天宫"文学创作征集、"太空有料"短视频节目创意问题征集、"航天竞智"在线答题等系列航天科普活动。核心活动为面向全国青少年开展空间站搭载青少年科学实验方案征集活动，并通过专家指导、培训，筛选出一批可进入研制阶段的实验项目进行孵化。

📖 科普阅读

"第一朵太空花"在空间站绽放

据新华社报道，2016年1月，一株百日菊在国际空间站上绽放，这是人类在地球以外培育出的第一朵花。

身处国际空间站的美国航空航天局航天员斯科特·凯利在社交网站推特上公布了这个具有历史意义的消息，并配发了一张橘黄色百日菊花盛开的照片。"人类有史以来在太空培育的第一朵花首次亮相，"凯利在推特上写道，"是的，太空中有其他的生命形式。"

与在地面不同，"第一朵太空花"从种植到开花的过程并不轻松。据英国《每日邮报》报道，此前航天员已在空间站完成过多项植物种植实验，并成功种植过生菜。但百日菊对环境和光线更为敏感，种植起来更为困难。起初，百日菊无法吸收水分，大量水汽从植物叶片渗透出来。为了解决这个问题，航天员调大了种植室中风扇的风速以吹干水分，结果因为风力太过强劲，两株百日菊脱水而亡，幸好余下的两株长势良好并出现了花蕾，最终实现了绽放。

百日菊是一种著名的观赏植物，也可食用和入药。太空版的百日菊颜色和外形与地球上的差异不大。不过由于失重，前者的花瓣看起来并不怎么舒展，缺乏地球上那种优美的弧度。

美国航空航天局发表一篇文章解释说，俄罗斯航天员早在1996年就在"和平号"空间站上种植过小麦，2014年国际空间站也启动了蔬菜种植试验，前两批种

植的是生菜。美国航空航天局蔬菜种植项目经理史密斯说："百日菊对环境与光线更敏感，生长周期也更长，需要60~80天，因此更加难以培育。"美国航空航天局的科学家认为，这次实验是植物在极端条件下生长的一次成功试验，能帮助科学家更好地了解植物如何在微重力的情况下开花、生长，未来在空间站中还将出现更多的植物。

这项百日菊外太空生长实验是在国际空间站的植物实验室中完成的。实验室成立于2014年，其目的不仅在于研究植物在外太空的生长，还希望能帮助航天员在与地球没有联系的情况下实现自给自足。此外，太空种菜也能为长期生活在封闭、孤立环境中的航天员调节心理。

触类旁通

从世界第一朵花"辽宁古果"、世界第一只鸟"孔子鸟"、寒武纪生命大爆发的证据"澄江生物化石群"，一直到杨氏马门溪龙头骨、热河翼龙化石、中华似鸟龙、綦江恐龙足迹群、活化石矛尾鱼，你能梳理出植物和动物的进化路径吗？

讨厌的谜——世界第一朵花

最早的花开在什么地方，它是什么样子的？这的确是十分诱人的问题。所以，寻找最早的花朵，研究被子植物的起源，已成为国际古植物学研究的前沿课题和热点之一。

选择题

一、选一选

1. 花是什么植物特有的器官（　　）

A. 裸子植物　　　B. 蕨类植物　　　C. 被子植物　　　D. 苔藓植物

2. 世界第一朵花是（　　）

A. 辽宁古果　　　B. 太阳花　　　C. 百日菊　　　D. 兰花

非选择题

二、答一答

百日菊的种植需要怎样的条件？对水、光照、土壤都有要求吗？

国际空间站为什么选择种植百日菊，而不种其他花呢？

开放性问题

三、想一想

在电影《火星救援》中，航天员在火星的地面上挖坑种植土豆，使用人类粪便为土豆施肥，并且借助火箭燃料获得液态水。

火星稀薄的大气中含有许多二氧化碳，植物能够吸收二氧化碳并释放氧气，因此这些作物是非常关键的，有望将火星改造成一个更适宜人类居住的星球，让火星拥有可以自由呼吸的大气。

请你拟订一个火星种植方案，论述火星种植的可能性。

四、我的天地 （日志、绘本、照片、手抄报等）

撰稿：陈宏程　金　淼

5 镇馆之宝 ——恐龙蛋窝化石

聚焦问题

恐龙是会产卵的。有的恐龙体形庞大，有的却机敏灵巧，有的还可以灵巧飞行。有的恐龙是素食，有的却会凶狠地掠杀其他动物。从一窝恐龙蛋化石里，我们可以知道哪些知识呢？

学习导图

课标要求 知道生物进化的主要证据，形成生物进化的基本观点。

核心素养 认识生命世界、解释生命现象。观察发现生物学现象，科学提出生物学问题。

化石

北京猿人
周口店北京人遗址博物馆

恐龙蛋窝
北京自然博物馆

切开的恐龙蛋
中国古动物馆

31

 **寻找证据**

🏛 **探究地点**

北京自然博物馆一层"古爬行动物"展厅和"恐龙公园"展厅。

🏷 **展品信息**

恐龙蛋窝

在北京自然博物馆"古爬行动物"展厅，展出了世界上保存最完整的一窝恐龙蛋。这窝恐龙蛋共29枚，分3层排列，呈圆形、放射状排列，层层叠加。每个恐龙蛋长约22厘米。这是于1978年由北京自然博物馆的科研工作者在广东省南雄地区发现并采集的。根据研究判断，这是一窝白垩纪时期的窃蛋龙恐龙蛋化石。通过对恐龙蛋化石的研究，对于了解恐龙的繁殖行为、起源和演变，复原当时的生态环境，以及对于古气候、古地理、古生物的变迁等方面，均具有一定的科研价值。

中国是世界上发现恐龙蛋最多的地方，主要集中在内蒙古、新疆、山东、浙江、河南、湖北、广东、吉林等地，其中河南省西峡出土恐龙蛋的数量之多震惊了世界。

思 考 讨 论

1. 恐龙蛋化石里面还有小恐龙吗？这是什么恐龙下的蛋？恐龙那么大，恐龙蛋怎么这么小？恐龙是怎样做到把恐龙蛋摆放得这样规矩？

2. 这窝蛋是高出地面的，大恐龙怎样孵化它们呢？恐龙趴在上面会不会把蛋压碎？

🔬 **科学实践**

辨别真假恐龙蛋化石

大自然中有数不清的石头，其中不乏形状、大小和恐龙蛋化石差不多的石头。有时偶尔断开一个，你还可能从剖面上看到它的圈层结构，但别以为那就是有蛋清和蛋黄的恐龙蛋化石。其实，经过亿万年的时间，即使恐龙蛋当初没有孵化，其中的蛋清、蛋黄等生命物质也早就分解得荡然无存了。石头中的圈层很可能是水长年累月侵蚀的结果，而真恐龙蛋的表皮一般厚1毫米左右，断面往往呈现黑色，蛋壳表面有类似颗粒状的纹饰。

科普阅读

恐龙蛋的谜团与猜想

三大谜团

谜团一：大恐龙生小蛋

恐龙是中生代的超级霸主，最大的恐龙站起来有近4层楼高。那最大的恐龙蛋有多大呢？如果按照鸡蛋的比例（蛋与鸡的重量比大约是1∶30），那么重达120吨的超级恐龙将产下4吨重的蛋，而实际上发现的恐龙蛋多数直径只有10~20厘米，目前发现的最大的恐龙蛋，估计刚刚产出时也就十几千克重。

谜团二：有恐龙蛋的地方少见恐龙

据统计，全世界出土的恐龙化石十分丰富，甚至南极和北极都发现过恐龙踪迹。可是，和恐龙化石比起来，恐龙蛋化石却只集中在少数几个地区，如我国的河南省西峡地区。有恐龙蛋的地方很少发现恐龙化石，这些恐龙都到哪儿去了？

谜团三：只存在于恐龙灭绝时的地层

从恐龙的出现到灭绝，恐龙在地球上生存了1.65亿年。可是，几乎所有的恐龙蛋都是在恐龙灭绝时的地层中找到的。在恐龙生活的大多数时间的地层中，竟然没有发现恐龙蛋。我国四川省是著名的恐龙之乡，可是四川盆地内也没有一则可靠的关于恐龙蛋的报道，这又是怎么回事？

三大猜想

猜想一：靠阳光孵化

广东省南雄恐龙蛋发现于一个地势较高的地方，而不像鸟蛋那样置于窝中。科学家推测，恐龙把蛋产在高地是为了能够使其接受充足的阳光。恐龙属于变温动物，而且身上长满了鳞，如果恐龙像鸟类那样孵蛋会将恐龙蛋压碎。另外，在河南省西峡、湖北省郧县等地出土的扁圆形恐龙蛋不在窝里，而是在地面上杂乱无章地排列，这种排列方式更不利于恐龙身体孵蛋，因此推测恐龙蛋是靠阳光孵化的。

猜想二：每次都下两枚蛋

经过长期的观察，科学家发现恐龙蛋无论什么形状、以何种形式排列，总是成对挨在一起。由此科学家大胆设想，恐龙每次都下两枚蛋。目前还没有任何其他化石证据可以证明这一点。

猜想三：恐龙因蛋壳增厚而灭绝？

仔细观察恐龙蛋化石会发现，恐龙蛋的蛋壳很厚，最厚的差不多有3毫米。厚厚的恐龙蛋壳给了科学家某些启发：恐龙蛋壳增厚是否为恐龙灭绝的原因之一？一个可能的解释就是，白垩纪末期恐龙的基因由于受到某种刺激而发生了突变，使蛋壳增厚，从而将小恐龙扼杀于襁褓之中，最后造成了整个家族的灭亡。也正因为如此，恐龙蛋化石才只发现于恐龙灭绝的地层，因为此前的恐龙蛋都孵化了。

触类旁通

琥珀是一种透明的生物化石，是距今4500万—9900万年前的松柏科、豆科、南洋杉科等植物的树脂滴落，掩埋在地下千万年，在压力和热力的作用下石化形成的。有的琥珀内部包有蜜蜂等小昆虫，色泽美丽，故又被称为"松脂化石"。

琥珀的文化早在我国汉朝时期就已经开始了。到晋朝，琥珀文化与手工艺技术得以升级。现在，有许多人也对琥珀收藏和佩戴比较热衷。不同的环境和不同的形成时间，造就了各种各样的品种，有"千年琥珀，万年蜜蜡"之称。

种类分为血珀、金珀、蓝珀、蜜蜡、花珀、植物珀、虫珀7种。

血珀是一种透明的琥珀，颜色呈红色或深红色，像人体血液的红色，因此得名。

金珀是一种透明的琥珀，颜色呈金黄色，其类别属于用颜色来分别的一种琥珀。

蓝珀是世界上最轻的宝石，而最有名的蓝珀则是多米尼加蓝珀。此外，墨西哥蓝珀也是非常著名的。它原本不是蓝色的，只有在强光下的暗色背景上，才会呈蓝色，因此得名。

蜜蜡是我们最常接触到的琥珀种类，呈不透明状或半不透明状。

花珀是一种拥有很多种颜色且不均匀的琥珀。花珀的熔点非常低且容易脱水，而它之所以叫花珀是因为在形成过程中包含进了水汽，经过地质运动的作用，水汽炸裂开，形成颜色深浅不一的爆花，好似漂亮绚丽的花瓣，所以花珀并不是里面真的有花朵花瓣。

植物珀是琥珀里面包裹着植物，如树叶、树枝、苔藓等，这样的琥珀被称为植物珀。

虫珀是有些琥珀内含着昆虫包裹体。在虫珀之中，"琥珀藏蜂""琥珀藏蚊""琥珀藏蝇"等都很珍贵。

镇馆之宝——恐龙蛋窝化石

走进"古爬行动物"展厅，你有机会看到被称为镇馆之宝的恐龙蛋窝化石，让我们一起来探究一下恐龙蛋的秘密。

选择题

一、选一选

恐龙下蛋的时候，每次都是下几枚？（ 　　 ）
A. 1　　　 B. 2　　　 C. 3　　　 D. 不确定

二、连一连

恐龙生活的中生代可以划为三个纪，请连线。

三叠纪	约1.45亿—0.65万年前
侏罗纪	约2亿—1.45亿年前
白垩纪	约2.5亿—2亿年前

三、答一答

恐龙蛋化石是历经上千万年、上亿年沧海桑田演变的稀世珍宝，是生物和人类进化史上具有重要意义的科学标本，是世界上珍贵的科学和文化遗产。恐龙蛋化石对于探索恐龙的繁殖行为、恐龙蛋壳的起源和演变，复原恐龙时代的生态环境；对于研究恐龙的出现、繁盛和绝灭；对于划分和对比白垩纪地层并确定地层的地质年代；对于研究古气候、古地理和古生物的变迁；对于提供找矿启示等，都是不可多得的珍贵实物资料。

从上图化石大小和形状上推测，这是_____性（肉食或植食）恐龙蛋，它是靠_____来孵化的。

你认同气候变冷导致蛋壳变厚是推动恐龙灭绝的原因之一吗？

开放性问题

四、想一想

永远的幻想：再造恐龙

中生代时期，一只饥饿的蚊子如获至宝地落到了一头庞大的恐龙身上，足足地吸了一肚子血。正当它带着"满腹龙血"准备离开的时候，突然被树上滴落的一滴树脂包住了。几千万年过去了，黏稠的树脂变成了晶莹剔透的琥珀，其中的蚊子仍然是刚刚酒足饭饱的模样。科学家从蚊子体内得到了恐龙的血液，并从中提取了恐龙的基因，又利用这些基因，创建了一个"侏罗纪公园"。

这遥远而大胆的幻想来自科幻巨片《侏罗纪公园》。现实是，我们对恐龙的基因一无所知，谁能证明琥珀中的昆虫身体里保存的是恐龙的血液？假如我们能够从恐龙蛋化石中提取到恐龙的基因，那问题就简单多了！可是恐龙蛋化石中的有机物能够保存6500万年而不分解吗？事实上，液体的蛋清和蛋黄已成为化石，或许再造恐龙永远都只是个幻想。

请你展开想象，写一篇恐龙复活的科幻小说。

五、我的天地 （日志、绘本、照片、手抄报等）

撰稿：陈宏程　金　淼

6 你所不知的恐龙有两个"脑"

聚焦问题

恐龙如此庞大的身躯，却是由看上去比例悬殊的脑控制的。莫非在它们的身体其他部位，比如后部的"屁股"上，真的长了第二个脑子吗？

学习导图

课标要求 形成生物进化的基本观点。

核心素养 进化和适应的关系。培养学生学会用事实、实证、逻辑、推理和论证进行思维的能力。

恐龙

恐龙
中国科学技术馆

马门溪龙
北京自然博物馆

雷龙
中国科学院古脊所

寻找证据

🏛 探究地点

北京自然博物馆一层"古爬行动物"展厅和"恐龙公园"展厅。

🏷 展品信息

恐龙是生活在中生代、以直立姿态行走的陆生爬行动物，于6500万年前灭绝。展厅中最大的一副恐龙骨架为马门溪龙的骨骼化石，1997年出土于四川盆地的井研县，因此被命名为井研马门溪龙。它生活在侏罗纪时期，身长26米，颈长就有13米，体重高达60吨，四肢很强壮，以植物为食，性情并不凶猛。它的头骨很小，由于体形庞大、头骨较小，为保证营养需求，它一天的大部分时间都在进食。

> 脑是中枢神经系统的主要部分，位于颅腔内。低等脊椎动物的脑较简单。神经节在解剖学上是一个生物组织丛集，通常是神经细胞体的集合。

头部很小，脑容量也很小，那么要如何控制如此庞大的身躯呢？据科学家推测，马门溪龙的脊柱骨上、腰椎处，有一个神经球（脊椎的膨大部分），又称"后脑"。后脑起着信息中继站的作用，前后脑各司其职、分工合作，支配躯体运动，以适应复杂的生存环境。但因为二者相距约十几米远，神经反射相对迟缓，因此马门溪龙也并不敏捷，行动十分迟缓。

此外，梁龙、雷龙也具有前、后两个脑。

思 考 讨 论

1. 这些有两个"脑"的恐龙有什么共同特点？

2. 推测恐龙取食和驱赶蚊虫可能主要用哪个脑？

 科学实践

为化石打包——动手做"皮劳克"

"皮劳克"一词是俄语的音译，意思是"石膏壳"。当人们采集大型脊椎动物化石的时候，往往会由于化石的保存状况较差而手足无措。如长期暴露风化、材质的疏松等导致化石不易完整取出，或是担心取出的骨骼化石在搬运过程中遭受损坏。传统的麻袋包裹或箱子盛放很难保证笨重的化石完好无损。这时候最理想的方法是在野外浇注石膏包，将化石包在已定型的石膏壳内，便可以随时搬运甚至异地运输。于是，在野外制作化石的"皮劳克"成为我们野外发掘或采集必备的手段和方法。

所用材料

多袋石膏粉（25千克）、水、麻袋片（不要太致密的）、麻纸、剪刀、脸盆（盛水和石膏）、刷子、锤子、钳子和加固剂。

具体步骤

第一步：发掘出化石的出露面，一般要把与化石接触的下部岩层掏空一部分，再用刷子刷掉已清理出来的恐龙化石的表面浮土，然后用蘸水的刷子涂刷铺在化石上面的麻纸。最好使纸能紧贴在化石面上，这样便于化石和上面的石膏层将来分离并起到保护作用。然后，用剪刀剪出比化石略大的麻袋片（麻袋要经过包裹化石来比试大小）。

第二步：待麻纸稍微干燥后，便可往脸盆里倾倒水，然后将剪好的麻袋在水盆里浸湿并取出。这时，视化石面大小来决定盆里的水量和加石膏的量。之后，往盆里加石膏粉并和匀，不要有包裹石膏粉的团块物。第一层石膏糊要稀一些，因为还要浸泡麻袋片。往后，马上往化石上所有贴纸面上倾倒石膏糊，并用手快速沿着化石面敷平，厚度1厘米左右。紧随其后把浸过石膏糊还没有固化的麻袋展开盖在已敷石膏糊的表面，再把围到化石底部的麻袋片将底部的化石箍紧定型，用手将麻袋和石膏糊胶固，再调和些稠的石膏糊往麻袋片的上面糊上一层（如果化石特别大，一般还要再加麻袋和石膏层，以减少变形）。用盆里的清水涂抹光滑石膏面。

第三步：需要干燥一段时间后，用钎子将化石下面尚连接的岩层逐渐清理掉。先从深一些的位置打进钎子，防止伤着化石。在初步清理掉岩层后，换大一些的钎子使带有岩

层的化石震动，震动不应太大，否则化石会破碎。然后，快速把已经被打了多半个石膏包的化石翻转过来。千万注意，石膏套和化石不要脱离（脱包）。如果脱包，就失败了。之后，放置在平稳的地方稍微修理平整面上的岩层、石膏套的边缘突起，以减轻石膏包重量。再按照第二步的方法把没有用石膏包裹的化石部分用夹麻袋片的石膏糊封上。麻袋要搭在前面的石膏上，使上下的石膏套衔接成为整体。如果感觉到化石有可能因自重在搬运时破损，可以用多层麻袋、石膏糊相互浇注，加大厚度。最后，还可以在石膏托外面较为平缓的面上垫上木板，再用铁丝把木板和石膏捆绑固定在一起。

第四步：检查石膏包有无裂痕，是否需要在突出的部位专门用麻袋包裹等。这时，别忘了对化石石膏包进行产地、发掘点和序号的编写。最简单常用的办法是在石膏包表面还没有完全固化的石膏上用钎子轻划写字编号登记（此举可以防止纸质记录因时间久远而遗失）。之后，就地用细的沙土撒在字迹上，用刷子轻轻刷拭，石膏上面字迹的凹槽里就粘上细土，字迹便清楚地显示出来。

经过处理后，包裹化石的"皮劳克"能够很好地保护化石不被破坏，同时可以装车进行运输。待回到实验室后，根据有关"皮劳克"的记录来判断开包位置，然后用锯条打开，取掉"皮劳克"，清理化石周围的岩石。之后就进入研究过程，还需要对化石修理和复原。等一切结束后，便可以在博物馆装架展示。

科普阅读

有两个脑子的恐龙

如果说恐龙有两个脑子，你一定会觉得奇怪，但马门溪龙、雷龙、梁龙就是这类恐龙，也许它们因为一个脑子不够用，所以再长一个。

这类恐龙有个共同的特点，就是身躯特别大，而脑袋特别小。以马门溪龙为例，估计它活着的时候有四五十吨重，而脑子的重量仅有500克左右。这么小的一个脑子，却能指挥一个大得惊人的身体，这实在叫人难以理解。

有人解剖了马门溪龙的头骨和脊椎骨，终于发现了这个爬行"大汉"的秘密。原来，在它的臀部脊椎上，有一个叫神经球的东西（脊椎的膨大部分），正是这个神经球在默默地协助那个小的脑子进行工作。

神经球比脑子要大好几倍，马门溪龙的后腿和大尾巴的运动，就按它发出的指令行事。这样，马门溪龙头上的那个小的脑子也就忙得过来了，它只要把吃东西和接收信息的事管好就行了。马门溪龙臀部的神经球实际上是它的"后脑"，与前脑相距约十几米远。前后两脑各有各的作用，它们分工合作，互相帮助。当然，由于两脑相距较远，信息传递的速度不可避免地要受到一些影响。因此，像马门溪龙这类大型动物，必定是反应迟钝、笨手笨脚的家伙。

马门溪龙不是唯一有两个脑子的恐龙。背上长有古怪骨板的剑龙也有两个脑子。剑龙有大象那样大，而头却小得可怜。它的脑子只有一个核桃那么大，约重100克。小小的脑子无法完成指挥全身的重任，所以它在臀部长了一个神经球。这个神经球比真脑要大20倍，作用是主管腿和尾的动作。剑龙的"后脑"比前脑大那么多，使人觉得它是一个四肢发达、头脑简单的动物。剑龙可能不大会动脑子，一副老实巴交、呆头呆脑的样子，但剑龙尾部上的骨刺以及指挥这条尾巴的那个神经球又告诉我们，剑龙也不是等闲之辈。在遇到敌人时，它定会反射性地甩动带刺的尾巴进行殊死的搏斗。

触类旁通

恐龙与其他爬行动物的最大区别在于站立姿态和行进方式。恐龙具有全然直立的姿态，四肢构建在体躯的正下方位置。这样的架构要比其他种类的爬行动物（如鳄类的四肢向外伸展），在走路和奔跑上更为有利。根据恐龙骨盆（又称腰带）的构造特征不同，可以划分为两大类：蜥臀目和鸟臀目。

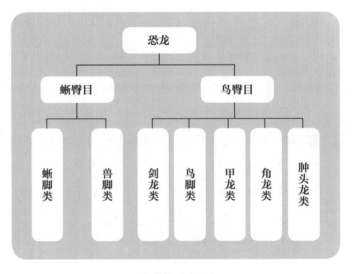

恐龙的分类图

　　二者的区别在于腰带结构：蜥臀目的腰带从侧面看是三射型，耻骨在肠骨下方向前延伸，坐骨则向后延伸，这样的结构与蜥蜴相似；鸟臀目的腰带，肠骨前后都大大扩张，耻骨前侧有一个大的前耻骨突，伸在肠骨的下方，后侧更是大大延伸与坐骨平行伸向肠骨前下方。因此，骨盆从侧面看是四射型的。无论是蜥臀目还是鸟臀目，腰带在肠骨、坐骨和耻骨之间留下了一个小孔。这个孔在其他各个目的爬行动物中是没有的。正是这个孔表明，与所有其他各个目的爬行动物相比，被称为恐龙的这两个目之间有着最近的亲缘关系。

　　你推断一下，有两个"脑"的恐龙是肉食性的还是植食性的？

你所不知的恐龙有两个"脑"

北京自然博物馆中最吸引人的，就是恐龙了，还有许多未知的话题等你来探究！

一、选一选

1. 下列哪种动物是恐龙（　　　）

A. 马门溪龙　　　B. 鱼龙　　　C. 翼手龙　　　D. 蛇颈龙

2. 恐龙最早出现在2.3亿年前的中生代三叠纪。在之后的1.5亿年中，恐龙成为了那个时代的主角。它们占据了陆地，成为了名副其实的霸主。目前全世界范围内，已命名的恐龙共计2目7亚目57科350余属800余种。恐龙是根据（　　　）来分类的。

A. 大小　　　B. 牙齿　　　C. 骨盆　　　D. 习性

二、连一连

把图中恐龙图和名称连起来。

埃雷拉龙

双嵴龙

霸王龙

三角龙

恐爪龙

多背脊沱江龙

蜀龙

板龙

甲龙

开放性问题

三、想一想

探寻北京周边的恐龙

恐龙是出现在中生代时期（三叠纪、侏罗纪和白垩纪）的一类爬行动物的统称。矫健的四肢、长长的尾巴和庞大的身躯是大多数恐龙的写照。1841年，英国科学家理查德·欧文在研究几块样子像蜥蜴骨头的化石时，认为是某种史前动物留下来的，将其命名为恐龙，意思是"恐怖的蜥蜴"。它们主要栖息于湖岸平原（或海岸平原）上的森林地或开阔地带。

在北京市西山地区地层中还有很多古代的生物留下的化石。整个华北地区自寒武纪早期下降成为海洋之后，一直持续了8000万年的海洋环境。之后，在4.5亿年前的奥陶纪中期又再次上升成为陆地。直到3.5亿年前的石炭纪，地壳才再次下降。这里看到的是4.5亿年前奥陶纪中期的马家沟组的石灰岩被3.5亿年前石炭纪的本溪组直接覆盖，之间又形成了一个平行不整合。其中，马家沟组灰岩纯净，是北京地区烧石灰的主要原料。在本溪组底部有一套砾岩，说明海水再次来临时的波澜壮阔，席卷了很多石块沉积在不整合面上。

北京地区侏罗纪期间发生了火山喷发，因此侏罗纪中期形成了火山沉积，被命名为髫髻山组。在火山喷发间歇期，植物生长茂盛，留下了很多化石。在门头沟东辛房附近出露了很多中侏罗世髫髻山组地层，其中可以采集到裸子植物化石，如披针苏铁杉和枝脉蕨等。

根据上述资料，完成探寻北京市周边恐龙化石的设计。

提出问题：

猜想与假设：

制订计划：

实施计划：

表达和交流：

四、我的天地 （日志、绘本、照片、手抄报等）

撰稿：陈宏程　金　淼

《冰河时代》动物原型
——真猛犸象

🔆 聚焦问题

看过电影《冰河时代》吗？科幻电影里的山呼海啸真实地在地球上发生过。在北京自然博物馆，你可以看到那个时期的长毛象"曼弗瑞德"的原型——真猛犸象的化石。

✏️ 学习导图

 课标要求 形成生物进化的基本观点。

 核心素养 进化和适应的关系。培养学生学会用事实、实证、逻辑、推理和论证进行思维的能力。

象牙化石

亚洲象
北京动物园

真猛犸象
北京自然博物馆

麋鹿角化石
南海子麋鹿苑

寻找证据

🏛 探究地点

北京自然博物馆一层"古哺乳动物"展厅。

📱 展品信息

真猛犸象被称为长毛猛犸象或者长毛象,是系列电影《冰川时代》中长毛象的原型,现已灭绝。它们曾分布在亚欧大陆和北美洲。"猛犸"一词来源于鞑靼语,意为"地下居住着",因为最早是在地下发现的骨骼化石,由此得名。除真猛犸象外,还有草原猛犸象、非洲猛犸象等,但只有真猛犸象才具有厚重的毛发。

真猛犸象没有下门齿,和其他能看到的现生象类相比,真猛犸象的耳朵较小,可以减少热量的散失,新月形的象牙用来求偶和获取食物。在长毛下面覆有绒毛,加上厚达9厘米的脂肪层,这些特征使其具有非常强的抵御寒冷的能力。颈部还有一个高高的隆起,有点像骆驼的驼峰,夏季食物充足时,可以将多余的营养储存在里面;冬季食物短缺时,可以消耗其中的营养。

思 考 讨 论

1. 真猛犸象的灭绝是由气候变暖造成的吗?
2. 据报道,冷冻的猛犸象肉有活的细胞,用现代技术能复活猛犸象吗?

科学实践

动手做:DNA项链

DNA是脱氧核糖核酸(Deoxyribonucleic acid)的英文缩写,携带有合成RNA和蛋白质所必需的遗传信息,是生物体发育和正常运作必不可少的生物大分子。利用DNA在不同有机溶剂中溶解度的差异,只需简单几步,就可以把身体中来源于父母的DNA提取出来,再装进项链小瓶子中做成DNA项链。

实验材料

透明杯子、玻璃搅拌棒（或筷子）、11.7%的氯化钠溶液（或食盐）、洗洁精、冰箱冷藏的65%的酒精（或高度数白酒）、冰块、隐形眼镜护理液（或嫩肉粉）、纯净水、牙签等。

三个线索：研磨、蛋白质和DNA分离、析出。

实验步骤

1．获取口腔上皮细胞：含一口纯净水，用舌头舔口腔内壁，大约2分钟。

2．用透明的杯子收回口腔中的液体。

3．在杯中加入半勺盐，缓慢搅拌10圈。

4．在杯中加入洗洁精5～6滴，均匀慢速地搅拌3分钟。

5．加入5滴隐形眼镜护理液（或嫩肉粉），继续缓慢搅拌10圈，加入冰块静置5分钟。

6．再次搅拌10圈，从冰箱拿出冷藏的酒精（或白酒），缓慢倒入杯中，于是酒精便自然分层游离在唾液上方，唾液则沉淀在杯底。

7．由于DNA不溶于酒精，此时在上清下浑的酒精和唾液分层中间，能看到固态絮状的DNA。用玻璃棒（或筷子）轻轻搅拌，将DNA缠绕起来。

8．用牙签挑取DNA放入小瓶中，也可加入一些精油或酒精。这样，一条兼具观赏价值并具有特殊含义的项链就做好了。

实验原理

DNA主要存在于真核生物的细胞核中，与组蛋白一起组成一个线状结构叫染色体。在常规条件下，可以通过研磨→分离→析出的思路，把DNA提取出来。

下面我们就对具体操作步骤中涉及的原理进行解释。

1．获取细胞：用漱口的方式，获取的是口腔的上皮细胞。

2．盐的作用：在漱口时细胞已经破碎，加盐可吸附DNA。带正电的钠离子会和DNA分子中带负电的区域发生反应，可使DNA分子聚到一起。

3．洗洁精的作用：洗洁精中含有十二烷基硫酸钠。它可以破坏细胞膜，将细胞内的物质溶解于溶液当中，从而释放DNA。也可用牙膏、洗发香波等来代替。

4．缓慢搅拌：防止用力太大，速度太快使DNA断裂。

5．隐形眼镜护理液的作用：能去除镜片上的蛋白质，主要是依靠清洗液中含有的蛋白酶。蛋白酶可以分解溶液中的蛋白质。加入隐形眼镜护理液，其中蛋白酶的成分就可去除溶液中蛋白质的干扰，使DNA更容易被提取出来，也可用嫩肉粉来代替。

6. 冰块和冷藏酒：在低温环境下，由于DNA不溶于酒精，因此可以析出DNA。

如果是植物细胞，就先加洗洁精，然后再加盐。因为植物细胞有细胞壁，清水中不能吸水胀破，所以首先要先去除细胞壁。另外，在实验室提取DNA的过程中，会进行多次的氯化钠浓度调节，并且严格控制温度，实验试剂使用纯度高的试剂如十六烷基三甲基溴化铵、十二烷基硫酸钠等。而我们在家中做实验，可以用含有这些试剂的混合物（如洗洁精等）来代替。因此，在家中获取的DNA中，会含有很多的杂质，想要取得纯度高的DNA，需要进行非常严格的科学实验。

可以用其他生物材料做这个实验吗？当然，我们可以取不同的生物材料提取DNA，如洋葱、菜花等。我们还可以把提取出的DNA风干，装入一些小的容器中保存起来。如果家里有滴胶的话，可以用滴胶把DNA封在里面，做成各种装饰品。

科普阅读

冰河巨兽——真猛犸象

猛犸象起源于热带气候的南非，在距今80万年前进入欧亚大陆后逐渐适应了寒冷气候，最后演化成真猛犸象。它们直至3700年前才最后灭绝于西伯利亚的弗兰格尔岛。我国的长毛猛犸象化石主要发现于东北地区，最南端到达山东半岛。它和披毛犀一起组成了末次冰期期间中国北部尤其是东北的优势种群，被称为"猛犸象-披毛犀动物群"。冰期时代的猛犸象与中生代的恐龙一样，是最受瞩目的自然界生灵。

猛犸象是长鼻目真象亚科已灭绝的种类。其中的真猛犸象又叫毛象（或长毛象），是一种适应了寒冷气候的动物。真猛犸象的体型和现代象非常相似，但它身披长长的毛，皮很厚，脂肪层厚度可达9厘米，具有极强的御寒能力。上门齿强烈向上、向后弯曲并旋卷，生活在北半球的第四纪大冰期时期，以草、芦苇、灌木、嫩枝和叶子为食。

人们从俄罗斯冻土层发现的冷冻标本中知道了猛犸象的长相和它们具有长毛。由于猛犸象死后常埋没于沉积层中封冻起来，所以许多尸骸都保留至今，尤其多见于西伯利亚广袤幽深的永冻土中。科学家已经在俄罗斯冻土层中发现了皮、毛和肉俱全的猛犸象标本。由此，猛犸象的面貌得以重现天日。

猛犸象曾经和早期人类一同生活在冰河世纪。与恐龙不同，猛犸象在某一个节点突然消失，其灭绝原因至今仍是未解之谜。一直以来，关于猛犸象的灭绝原因有着种种猜测，如气候变化导致其种群灭绝、人类屠杀导致其灭绝等。近日有科学家发现，猛犸象的灭绝可能与一颗巨大的陨石有关。研究者认为，一颗巨大的陨星在穿过地球大气层时，分解成了上千万吨的燃烧碎片，并散落到四个大陆上。这些碎片释放出的有毒气体弥漫在空气中，并遮住阳光导致气温骤降，植物死去，永久改变了陆地景观。这项研究发表于《美国科学院院刊》上。该研究指出，陨石撞击之后，一些动物，比如人类，通过迁移、缩小种群规模或改变生活方式等，逐渐适应了资源不足的周围环境。以往科学界的看法是，人类聚居点的扩大和过度的捕杀导致猛犸象的灭绝。

 触类旁通

黄河象

北京自然博物馆的古生物大厅里，曾陈列着一具大象的骨架，这就是古代黄河象骨骼的化石。这具大象骨架高4米、长8米，除尾椎以外，全部是由骨骼化石安装起来的。人们站在骨架前面，似乎看到一头大象正昂首阔步向前跑。

1973年的春天，甘肃省的一些农民在黄河里挖掘沙土。他们忽然发现沙土中有一段洁白的象牙，便立即向当地政府报告。后来，在当地政府的指挥下进行挖掘，化石全部露出来了。人们可以清楚地看到一头大象的骨架，斜斜地插在沙土里，脚踩着砾石。从它站立的姿势，可以想象出它失足落水那一瞬间的情景。从它各部分骨头互相关联的情况，可以推断出它死后没有被移动过，所以能保存得这样完整。

在展厅中，从阶齿兽的复原图和骨骼标本，到庞大的象类家族，你能否寻找到与恐龙同期的最大哺乳动物灭绝的原因？

《冰河时代》动物原型——真猛犸象

走进"古哺乳动物"的展厅，迎面看到的是被称为《冰河时代》原型的真猛犸象，我们一起来探究它的奥秘吧！

一、选一选

1. 真猛犸象体毛长，有一层厚脂肪可隔寒，是适应（　　）

A. 捕食　　　B. 御敌　　　C. 御寒　　　D. 繁殖

2. 猛犸象牙是猛犸象的门牙，那么长象牙的是（　　）

A. 公象　　　B. 母象　　　C. 公象和母象　　　D. 成年象

二、连一连

把下面图和名称用线连起来。

　　　　　　　食肉类

　　　　　　　灵长类

　　　　　　　奇蹄类

　　　　　　　偶蹄类

开放性问题

三、想一想

《冰河世纪》电影里面的猛犸象，为什么能适应寒冷地区的生活？

奇蹄类：始祖马前后脚有几个蹄子？现在的马为什么只有一个蹄子？

偶蹄类：古时候的长颈鹿脖子是长的吗？你能在展馆里找到古长颈鹿的标本吗？它更像下面哪种动物？为什么说它是长颈鹿而不是斑马呢？

食肉类：它是什么？现在在动物园里还能看到它吗？它为什么会有露出嘴外的牙？

灵长类：人是从灵长类进化来的，看一看进化图，哪些动物是我们人类的祖先？

四、我的天地　　（日志、绘本、照片、手抄报等）

撰稿：陈宏程　金　淼

8 蓝色血液动物 ——鲎

 聚焦问题

人和大多数动物流的是红色的血，但有一种动物流着蓝色的血，它就是鲎。鲎是一种奇特的生物，早在4亿年前的古生代泥盆纪就生活在海洋里。下面我们来一起认识它。

 学习导图

课标要求 概述节肢动物的主要特征和它们与人类生活的关系。说明保护生物多样性的重要意义。

 核心素养 生物体的多样性是进化的结果。乐于传播生物学知识。

活化石

矛尾鱼
北京自然博物馆

鲎
北京自然博物馆

大熊猫
北京动物园

寻找证据

探究地点

北京自然博物馆一层"动物——人类的朋友"展厅。

展品信息

鲎，是一种海生节肢动物，长着一条细长的尾巴，身体扁平，体内具备特殊的生理毒性物质，血液呈蓝色，可用于医学研究。有四只眼睛（两只复眼，两只单眼），单眼对紫外光敏感，可感知亮度，复眼的侧抑制现象可以使成像更加清晰，其原理广泛应用于成像、雷达等仿生学领域。

许多脊椎动物的血液都是红色的，这是因为在它们的血液里，含有红细胞（也叫红血球）。在红细胞里有一种叫作血红蛋白的色素。但许多无脊椎动物，如虾、蜘蛛、乌贼等的血却是青色的，因为它们的血液里含有一种叫血清蛋白的色素。有些海洋软体动物的血液是绿色的，因为它们的血液含有一种叫血绿蛋白的色素。有趣的是，形似古代三叶虫的鲎的血是蓝色的，因为它们的血液中含有0.28%的铜。

最早的鲎化石发现于奥陶纪的地层中，早于恐龙。由于4亿多年的时间鲎保持着原始而古老的外观，因此有"活化石"之称。在繁殖季节，个体较大的雌性驮着雄性行走，经常被成对发现，因此又被称为"海底鸳鸯"。

思考讨论

1. 你知道血液颜色有几种？
2. 每种颜色的血是由什么原因导致的？

科学实践

到水族馆观察鲎

鲎最早出现在美洲，之后演化分为两支（两亚科）：因为地球的板块运动，使得留在美洲的成为现今的美洲鲎，属美洲鲎亚科；东南亚海域产的东方鲎、圆尾鲎、巨鲎均属鲎亚科。它们具有硕大的体型，不易被其他动物吃掉。另外，鲎具有拱门形状的外壳，不仅可以承受巨大的压力，还提供了装载很多东西的空间。它们的身体分成头胸部、腹部和剑尾，无触角。头胸部的第一对附肢成螯状，称为螯肢，是用来摄食的。这些形态特征是其他节肢动物所没有的。

甲的背面隐约可见3条纵嵴，中嵴前端两侧有一对单眼，侧嵴外侧各有一复眼。头胸部腹面具有6对附肢围在口外。第一对为螯肢，短小，仅由3节组成，末端呈钳状。其余5对附肢均由7节组成，统称步足。第二对（脚须）的末端在雄性变为钩状，用以抱握雌体。

步足中的前4对末端均呈钳状，近端基节的内侧有长刺用以咀嚼食物，故称颚肢。最后一对步足末端不呈钳状，但有几个突刺呈耙状，用以掘沙或清除附着物。最后一对步足之后有一对唇瓣，其内侧也有刺，被认为是退化的第七体节附肢的基节。

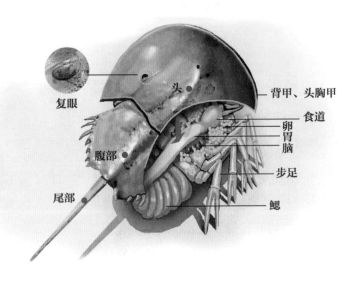

海鲎有四只眼睛。头胸甲前端有0.5毫米的两只小眼睛（单眼），小眼睛对紫外光最敏感，说明这对眼睛只用来感知亮度。在海鲎的头胸甲两侧有一对大复眼，每只眼睛是由若干个小眼睛组成的。人们发现海鲎的复眼有一种侧抑制现象，也就是能使物体的图像更加清晰，这一原理被应用于电视和雷达系统中，提高了电视成像的清晰度和雷达的显示灵敏度。为此，这种亿万年默默无闻的古老动物一跃而成为近代仿生学中引人瞩目的"明星"。

科普阅读

地球上唯一的蓝色血液古生物——鲎

鲎是一种奇特的海洋生物。它在古生代就已出现，那时恐龙还不是地球的霸主，原始鱼类刚刚诞生。随着时间的推移，其他动物都在不断进化或者灭绝，只有鲎，4亿多年来一直保持着最原始的样貌生存到现在，所以又被称为"活化石"。

体表覆盖有几丁质外骨骼，呈黑褐色。头胸部具有发达的马蹄形背甲，通常也被称为马蹄蟹。体近似瓢形，分为头胸、腹和尾三部分。平时钻入海沙内生活，退潮时在沙滩上缓缓步行，雌雄成体常在一起。每当春夏季，即海鲎的繁殖季节，雌雄一旦结为夫妻，便形影不离，肥大的雌海鲎常驮着瘦小的丈夫成双成对地行走。此时捉到一只海鲎，提起来便是一对，故海鲎有"海底鸳鸯"之美称。

我们见到的生物血液都是红色的，但是鲎却不同，它的血液是蓝色的。这是为什么呢？

一般的哺乳动物要呼吸氧气才能维持生命，所以我们的血液就承担了"护送"氧气进入体内的职责。血液中的"运输工具"铁元素和氧气结合后呈红色，所以我们的血液也是红色的。但是在鲎这类低等动物中，氧气不是通过铁元素进入体内的，承担这一任务的是另一种元素——铜。铜和蛋白质结合后变成蓝色，所以鲎的血液就是蓝色的。

鲎的血液不仅颜色特殊，功效也很神奇。尽管鲎的血细胞很原始，没有分工，只是一种变形细胞，但是当病菌的毒素接触到这种简单原始的血液时，鲎血液中的变形细胞就会释放出一种蛋白，使血液迅速凝结，形成一道屏障，阻止了病毒繁殖的同时，也抵御了其他细菌入侵。鲎的血液中富含铜，可以与菌类、内毒素类物质发生反应，是一种检测药品和医疗用品中是否含有杂质的既简单又万无一失的方法。将鲎的血液提取出来并制成试剂，能够检测出含量低至万亿分之一的细菌和其他污染物。

🔍 触类旁通

活化石（也叫孑遗生物）指某些在地质年代中曾繁盛一时，广泛分布，而现在只限于局部地区、数量不多、有可能灭绝的生物，如大猫熊和水杉。在自然博物馆或其他地方，你还能寻找到其他的"活化石"吗？

蓝色血液动物——鲎

走进"动物——人类的朋友"展厅，对话"活化石"——鲎，你一定有很多惊喜的发现。

选择题

一、选一选

1. 鲎的血液是蓝色的，是因为血液中含有（   ）元素。

A. 铁   B. 铜   C. 钙   D. 银

2. 鲎的祖先出现在地质历史时期古生代的泥盆纪，当时恐龙尚未崛起，原始鱼类刚刚问世。随着时间的推移，与它同时代的动物或者进化，或者灭绝，而唯独只有鲎从4亿多年前问世至今仍保留其原始而古老的相貌，所以鲎有"活化石"之称。下面哪种生物也可以称为活化石（   ）

A. 恐龙   B. 东北虎   C. 三叶虫   D. 矛尾鱼

非选择题

二、连一连

血液的颜色取决于血红蛋白的颜色，而血红蛋白的颜色取决于组成血红蛋白的金属颜色。请把下列动物与它的血液颜色连起来。

鲎   无色或浅琥珀色

虾   红色

兔   青色

蜜蜂   蓝色

开放性问题

三、想一想

如果说，博物馆是反映了一座城市，乃至一个国家文化底蕴和发展历程的殿堂，那么，展陈设计便是衡量博物馆质量的核心标志。博物馆的展陈设计是一门复杂的综合性艺术，需结合建筑空间、材料、照明、科技和美学等各方面。除了将博物馆的风格和设计理念准确地传达给观众，还需要展现出每一件展品所具有的深刻内涵。

请你以"动物——人类的朋友"展厅为例，完成自然博物馆展陈设计研究。要用到问卷调查、实地调查、文献研究和专家访谈等方法。

四、我的天地 （日志、绘本、照片、手抄报等）

撰稿：陈宏程　金　淼

9 寒武纪时代的"小强"——三叶虫

聚焦问题

三叶虫是最早称霸地球的动物，被称为寒武纪时代的"小强"。可是，今天我们却看不到三叶虫的活体了，这到底是怎么回事？各地的自然博物馆里，基本都能找到三叶虫的化石。你见过吗？

学习导图

课标要求 形成生物进化的基本观点。

核心素养 进化和适应的关系。作出理性的解释和判断。

化石

琥珀
中国科学院古脊椎动物与古人类研究所

三叶虫
北京自然博物馆

狼鳍鱼
中国地质博物馆

60

寻找证据

🏛 探究地点

北京自然博物馆一层"无脊椎动物的繁荣"展厅。

🏷 展品信息

三叶虫是节肢动物中的一大类，种类很多，全部生活在海洋里。它们在寒武纪出现，二叠纪末灭绝，是最具代表性的古无脊椎动物，也是寒武系地层划分对比的重要依据，被称为标准化石。

三叶虫的身体纵横都可以分为三节，横向可分为头、胸、尾三部分，每个体节都可以纵向分为中轴和左右肋叶三部分，因此得名"三叶虫"。三叶虫与珊瑚、海百合、腕足动物、头足动物等动物共生，大多适应于浅海海底栖爬行或以半游泳生活，还有一些在远洋中游泳或远洋中漂浮生活。生活习性的不同决定着其身体构造的不同。三叶虫生命力顽强，在不同的时期为了适应不同的生活环境，演变出多种多样的形态和习性，有的长达70厘米，有的只有2毫米。其中莱得利基虫是早期三叶虫的代表，而蝙蝠虫和蝴蝶虫是寒武纪晚期的标准化石。

根据化石记录推断，在三叶虫大繁荣时代，三叶虫大约占了当时海洋生物的60%。在寒武纪后期随着其他海洋生物的兴起，三叶虫逐渐走向衰退，在二叠纪灭绝，退出生物发展的历史舞台。

> 化石是存留在岩石中的古生物遗体、遗物或遗迹，最常见的是骨骼与贝壳等。由于自然灾害，如火山爆发、泥石流等自然灾害瞬间将其掩埋隔离氧化形成。

> 可用作确定地层地质年代的已灭绝的古动物或古植物化石，称为标准化石。标准化石一般延续的地质年代相对较短，主要特征明显，分布较广，并易采到。

思考讨论

1. 三叶虫生活的年代，地球的气候有什么特点？

2. 三叶虫灭绝后，取而代之的是什么生物？

 **科学探究**

用自制的化石留住美好时光

化石是历史的教科书，我们自己亲手做化石，留住美好的时光。

▶▶ **工具/原料**

石膏粉、自己喜爱的材料（此处以叶子为例）、牙签、塑料杯（玻璃杯）、塑料袋、玻璃棒或筷子。

▶▶ **方法/步骤**

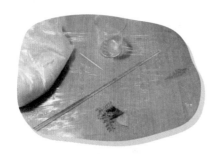

把塑料袋平铺。

把石膏粉倒入塑料杯中，然后加一些水。

用玻璃棒搅拌，直到石膏成为乳浊液。

把石膏的乳浊液倒到塑料袋上，可以做成自己喜欢的形状。

接着把树叶放上去，等石膏稍微晾干。

用牙签把树叶取下，将模型放几天，使它彻底晾干，制作就完成了。

▶▶ 注意事项

1．塑料袋一定要放平。

2．材料一定要在石膏没干之前放上去。

3．制作完成的模型一定不可以放到水中。

📖 科普阅读

与三叶虫同时代的菊石

菊石是从4亿年前的泥盆纪早期的鹦鹉螺目进化而来的，在其后的3.7亿年间，于全世界的海洋里大量存在，直到白垩纪时同其他海生类，诸如箭石和陆生类恐龙同时从地球上灭绝。其生存于泥盆纪至晚白垩世，因它的表面通常具有类似菊花的线纹而得名。此外，由于菊石壳形多变、壳层美丽、标本容易保存完整，在远古时期就有许多神奇传说。

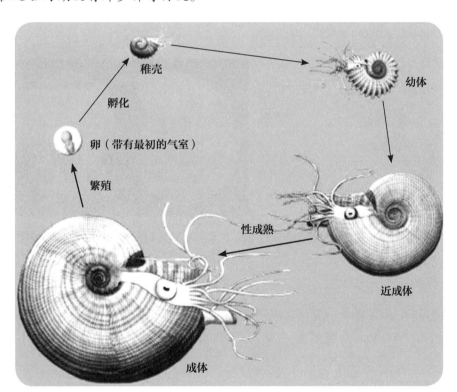

　　有着悠久进化历程的菊石，种类繁多。从泥盆纪到侏罗纪，再到白垩纪，菊石都是大洋中最繁盛，且最具代表性的强大生物，种属数量超过2000种，同时它还进化出了许多特别奇怪的种类。最初的菊石是单调的直筒形，后来变成螺旋形，再后变成扭曲形，甚至丢失了对称性，这在生物界是比较罕见的。北宋诗人黄庭坚曾收藏过一块化石砚台，侧刻有诗句：南崖新妇石，霹雳压笋出。勺水润其根，为竹知何日。

　　通过计算菊石壳体结构的强度，地质学家可以推算出化石发现地曾经的水深数据。此外，菊石因进化速率快、个体寿命短、存在于许多海相沉积岩中、相对常见且易于识别、世界性分布的特点，可用于精确的地质断代，区分小于50万年的地质时间间隔。

　　想到菊石，大家脑海里可能出现了它们的近亲——鹦鹉螺的模样，但一般很难说出它们的具体区别。确实，一些菊石和鹦鹉螺一样，有着锥形（化石）、角形（化石）或螺旋形的外壳，并且在外壳内部也有着分隔而成的气室。仅观察外形，确实很难将它们区分。

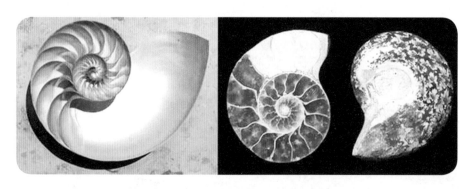

鹦鹉螺外表及剖面（左）和菊石化石的剖面（右）

　　菊石贝壳的化石分布非常广泛，在世界各地都发现了大量的菊石化石，但它们的组织样品却留存甚少。因此，科学家只得依据贝壳化石的结构，并参考现代鹦鹉螺的样子来复原菊石。复原后的菊石拥有头足类标志性的腕、角质喙和漏斗。

鹦鹉螺中的数学

鹦鹉螺是海洋软体动物，共有2属、6种，仅存于印度洋和太平洋海区。壳薄而轻，呈螺旋形盘卷。壳的表面呈白色或乳白色，生长纹从壳的脐部辐射而出，平滑细密，多为红褐色。整个螺旋形外壳光滑如圆盘状，形似鹦鹉嘴，故此得名"鹦鹉螺"。鹦鹉螺已经在地球上经历了数亿年的演变，但外形、习性等变化很小，被称作海洋中的"活化石"，在研究生物进化和古生物学等方面有很高的价值。

鹦鹉螺蕴含着数学原理，也存在着十分有趣的数学规律——等角螺线和斐波那契数列。等角螺线是数学家笛卡儿在1638年发现的，也称"黄金螺旋"，指的是臂的距离以几何级数递增的螺线，是自然界最完美的经典黄金比例。鹦鹉螺壳的螺旋排列暗含斐波拉契数列。斐波那契数列是指由0和1开始，之后的系列数由之前的两数相加，因此十分美观和神奇。不仅如此，鹦鹉螺化石上的螺纹数，揭示着地月距离。这个螺纹每隔一个月长一格，因此可判断月球的绕行周期。科学家研究不同时期的鹦鹉螺化石，发现月亮离地球越来越远，以后会更远更暗。4亿年前，地月距离不到现在地月距离的一半，月亮看起来会非常大且亮。

寒武纪时代的"小强"——三叶虫

走进"无脊椎动物的繁荣"展览可看到很多精美化石，经历生命的起源、寒武纪大爆发、无脊椎动物的繁荣等重大历史事件，你会有很多惊喜的发现。

选择题

一、选一选

1. 下列哪种动物和三叶虫不属于同类（　　　）

A. 鲨　　　B. 昆虫　　　C. 蜘蛛　　　D. 鹦鹉螺

2. 有"三叶虫时代"之称的时期是（　　　）

A. 古生代时期　　　B. 古生代中期　　　C. 中生代末期　　　D. 新生代

非选择题

二、填一填

让我们来到"古无脊椎动物"展厅看看从远古时期保存下来的动物吧。

这些晶莹剔透的化石就是美丽的＿＿＿＿＿＿，知道它们是怎样形成的吗？你能找到答案吗？

开放性问题

三、想一想

三叶虫是化石猎人最喜欢的节肢动物，曾主宰地球古海洋数十亿年。一项新研究显示，三叶虫会排着整齐的长队在海底移动，就像很多现在的节肢动物一样。研究人员检查了来自波兰圣十字山的距今3.65亿年的化石，发现了78个三叶虫的队列，每个队中含有19个骰子大小的三叶虫。它

们是盲眼的物种，有时会相互触碰甚至位于彼此的身体上。这表明，这些节肢动物利用身体接触和化学信号相结合的方式获取信息。

目前，这些三叶虫迁徙的原因仍不清楚。请你尝试通过文献查询和专家访谈，来推测迁徙的原因。

四、我的天地 （日志、绘本、照片、手抄报等）

撰稿：陈宏程　金　淼

矛尾鱼

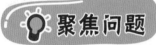

聚焦问题

我们熟悉的鱼类，都是用鳍在江河湖海里游。可是，你听说过鱼长"腿"吗？矛尾鱼就是一种长"腿"的古老的鱼类，在北京自然博物馆你不仅能够亲眼看到它的"腿"，还可以分析它的"腿"和陆地动物的腿有什么关系。

学习导图

| 课标要求 | 概述生物进化的主要历程，形成生物进化的基本观点。 | 核心素养 | 结构与功能观、进化与适应观。归纳与概括、模型与建模。 |

活化石

肺鱼
北京动物园海洋馆

矛尾鱼
北京自然博物馆

水杉
北京植物园

寻找证据

🏛 探究地点

北京自然博物馆地下一层"水族馆"展厅。

🏷 展品信息

矛尾鱼（拉蒂迈鱼）

拉丁学名：*Latimeria chalumnae*

英 文 名：Gombessa

分　　类：肉鳍鱼纲、空棘鱼目、矛尾鱼科、矛尾鱼属

矛尾鱼分布在南非和东非海域，是唯一现生的空棘鱼类。1938年，博物馆研究人员拉蒂迈女士在巡视渔民捕鱼时发现了原以为在7000万年前就已经灭绝的空棘鱼类——矛尾鱼。这一发现震惊了世界。

矛尾鱼的特殊之处在于，鳍里有很厚的肌肉，胸鳍和腹鳍内还长有骨骼。这与现生四足动物的四肢为同源器官，代表着鱼类到两栖类演化的过渡环节。根据2000年国际自然保护联合会（IUCN）的统计数据显示，现生矛尾鱼不足250条，已经被列入国际濒危动物名单。

> 同源器官指不同生物的某些器官在基本结构、与生物体的相互关系，以及胚胎发育的过程彼此相同，但在外形上有时并不相似，功能上也有差别。

1982年，科摩罗政府为了表达友好情意，将这一珍贵标本赠送给中国。目前，全中国仅有6条这种鱼的标本。北京自然博物馆是最早展出矛尾鱼标本的博物馆。

思考讨论

1. 对比观察水族馆的金鱼和矛尾鱼的鳍，记录各种鳍的特点和数目。
2. 矛尾鱼的胸鳍和腹鳍与青蛙四肢有何相似之处？它们在进化上有什么关系？

科学探究

模拟实验：鱼尾鳍在游泳中的作用

▶▶ 实验材料

矿泉水瓶、锥子、橡皮筋、铁丝、空油笔芯。

取一个空的矿泉水瓶，灌水接近满瓶（可以根据放入水中深浅情况调节水的多少），盖紧瓶盖。

将另一个空瓶的下部去掉，在盖上钻6个孔：水平2个孔相对，以便安放橡皮筋；4个孔垂直，两两相对，分别安装轴1和轴2。

轴1用铁丝做成，上面固定橡皮筋；轴2用一段空圆珠笔芯两端插上铁丝做成。把剪成尾鳍形状的硬塑料片固定在轴2后部。橡皮筋使轴1转动，通过曲臂带动轴2上的尾鳍部件左右摆动。

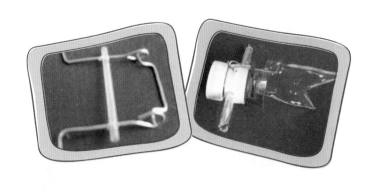

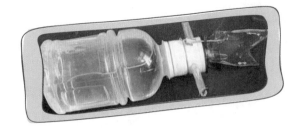

将各部件组装好，并做适当调整，使轴1自由转动，并可以带动轴2自由摆动。

转动轴1，给橡皮筋上劲，把你做的这条"鱼"放进一个装满水的大盆中。松开手，观察这条"鱼"能否前进。

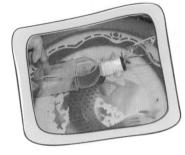

科普阅读

活化石——矛尾鱼

按照生物进化的型式分析，"活化石"指在种系发生中的某一线系长期未发生前进化，也未发生分支进化，更未发生线系中断（灭绝），而是处于停止进化状态的结果，并须仍是现生的种类。总鳍鱼类矛尾鱼，是世界闻名的一种活化石。我国的裸子植物银杏、水松和哺乳动物大熊猫等，均被世界公认为珍贵的活化石。

矛尾鱼的发现是很偶然的。在1938年圣诞节前的一天，"涅尼雷号"渔船的渔民像往常一样在马达加斯加附近的科莫罗斯群岛鲁麻河入海口处捕捞。他们捕捞到一条奇鱼。这条闻所未闻的怪鱼全身上的鱼鳞似铁甲，尾鳍似短矛，有人戏称它为"大海蜥蜴"。4个小时过去了，躺在甲板上的怪鱼毫无异样。用手一动，它竟愤怒地把牙咬得"喀嚓"作响，以示抗议，样子有些吓人。"涅尼雷号"抵达南非东伦敦港，博物馆研究人员娜汀梅·拉蒂迈女士闻讯赶来。她将这条1.5米长、57千克重的怪鱼运回博物馆，给它拍照、绘图，制成了标本。这就是罕见而珍贵的动物——矛尾鱼。为了纪念拉蒂迈女士划时代的发现，这种鱼在国际上被正式命名为"拉蒂迈鱼"。

大家都知道，按照生物漫长的进化历程，鱼类上陆地进化为两栖类，然后两栖类完全脱离水域进化为陆生的爬行类和哺乳类，最后才进化为人类。普通的鱼鳍里都没有肌肉，更没有骨骼，而在矛尾鱼的鳍里却有很厚的肌肉。特别奇怪的是，在它的一对强大的胸鳍和一对腹鳍里还有一段管状的骨骼。有肌肉就可以运动，这就说明矛尾鱼的鳍已经在向将来可以运动的"手"和"脚"转化了，而鳍中的管状骨骼正是它们登陆所必需的"支撑架"！

这么古老的鱼，是怎样生活的呢？据考古发现，远古时代的矛尾鱼生活在湖泊和泥沼里。后来因为环境的变化，它们转移到了深海。科学家发现，在矛尾鱼分布地区的海水中有一个淡水区域。它们正是生活在150～500米的深海区的这片淡水区域内的，仅在每年11月到次年1月短短的两个月中才会浮到海面上来。普通鱼的脑重占身体的0.1%～1%，而矛尾鱼不到0.01%，但它脑中高分子蛋白却多于其他鱼，而且矛尾鱼有内鼻孔的雏形，这也是鱼类上陆进化的证明。

　　古老而神奇的矛尾鱼仍然有着无数的秘密等待着我们去发现，包括迄今为止仍未见到一条矛尾鱼的"孩子"。尽管人们曾在解剖了的一条重65千克的矛尾鱼输卵管里发现5条胎儿，可以说明是胎生，但从没有人见到一条生存状态下的幼鱼。它们究竟是如何繁衍的呢？科学家曾借助小型潜艇和无线电发射机等先进科学仪器进行跟踪探测，但始终没有揭开矛尾鱼产仔之谜。而且，矛尾鱼是怎样依靠那么少的食物维持自身的新陈代谢？如何在黑暗的海底寻找配偶？如何抚养幼子？为什么只在科莫罗斯群岛那么小的海底区域生存？这一系列疑问，都有待我们去探索、去发现！

触类旁通

　　生物进化论的证据主要有哪些呢？首先是化石。由于地质环境的变化，许多生物突然被埋进了泥土之中，渐渐地石化，并保留下了它们的身形。科学家通过对化石地质年代的测定，就可以知道化石生物生活的年代，从而可以和后来的生物进行对比，找出变化的证据。其次是通过对不同动物相应器官的对比发现证据，如人的手和鸟的翅膀虽然外形不一样但结构和起源却相同，称为"同源器官"。这就说明人和鸟类在远古时代有共同的祖先。另外，还可以通过对不同生物的胚胎研究，找出发生学上的共同祖先和依据。

　　在水族馆中，除矛尾鱼外，你还能找到其他能说明动物从水生到陆生进化的同源器官吗？

矛尾鱼

走进水族馆，探究矛尾鱼，仿佛置身靠近非洲的印度洋中，与陆生脊椎动物的祖先进行了一次对话。你一定会有很多惊喜的发现。

选 择 题

★ 一、选一选

1. 矛尾鱼是腔棘鱼目矛尾鱼科的单一种，是唯一现生的总鳍鱼类。矛尾鱼有内鼻孔的雏形，鳍里有很厚的肌肉，特别是一对强大的胸鳍和一对腹鳍里还有一段管状的骨骼，是鱼类上陆地进化的证明。那么，下面哪种和矛尾鱼一样，也是鱼类和四足动物之间的过渡环节（　　　）。

A. 肺鱼　　　　B. 金鱼　　　　C. 鲨　　　　D. 中华鲟

2. 生物的进化趋势是从简单到复杂，从低等到高等，从水生到陆生，其中（　　　）代表着鱼类到两栖类演化的过渡环节。

A. 娃娃鱼　　　　B. 鲸　　　　C. 矛尾鱼　　　　D. 鳄

非 选 择 题

★ 二、答一答

脊椎动物的前肢：鸟的翅膀、蝙蝠的翼手、鲸的胸鳍、猫的前肢和人的上肢，虽然具有不同的外形，功能也并不尽相同，但却有相同的基本结构：内部骨骼由肱骨、前臂骨（桡骨、尺骨）、腕骨、掌骨和指骨组成。

人的上肢　　　　猫的前肢　　　　鲸的胸鳍　　　　蝙蝠的翼手　　　　鸟的翅膀

各部分骨在动物身体的相对位置＿＿＿＿＿＿（相同或不相同）。

这些结构说明这些动物＿＿＿＿＿＿（是或不是）从共同的祖先进化来的。

若想进一步确认这些结构是否为同源器官，还可以从哪些方面得到证据？

开放性问题

三、想一想

鱼类具有尾鳍，哺乳类有尾，鸟类有尾翼……不同种类动物的这些器官是什么关系？同种动物的不同种器官在结构和起源上有什么关系？

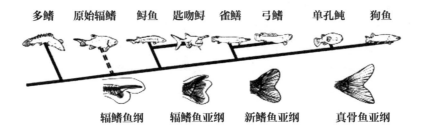

请你拟定一个研究课题。比如"硬骨鱼和软骨鱼的尾鳍比较研究"，并尝试通过文献查询和专家访谈，以及实验和观察的方法完成自己的小课题研究。

四、我的天地　　（日志、绘本、照片、手抄报等）

撰稿：陈宏程　金　淼

南海子麋鹿苑

湿地之"魂"——水

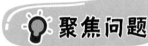

聚焦问题

当你漫步在鸟语花香、河水涟漪、拂柳滴翠的北京南海子麋鹿苑（亦称麋鹿苑）中时，站在古香古色的木栈道上，放眼望去，你就会惊奇地发现湿地中有许多条蜿蜒曲折的小河。你知道这里水的来源和历史吗？水在湿地中有哪些作用呢？

学习导图

 课标要求 举例说出水是生物生存的环境条件之一，举例说明人对生物圈的影响，形成保护水资源的基本观点。

 核心素养 结构与功能观、进化与适应观；发现问题、观察、结果交流与讨论。

水

水系
延庆野鸭湖湿地

水系
南海子麋鹿苑湿地

水系
顺义汉石桥湿地

🔍 寻找证据

🏛 探究地点

麋鹿苑科普栈道。

🏷 展品信息

这些小河就是湿地赖以生存的源泉，但是小河里的水又是从哪里来的呢？从2008年开始，麋鹿苑表流湿地的水源来自小红门污水处理厂。污水处理厂经沉淀、降解使污水达到再生水标准，通过凉凤灌渠引入麋鹿苑。在进入表流湿地前，再生水还需经过麋鹿苑中水净化装置和潜流湿地的进一步净化，才能引入麋鹿生活的区域。这套水质净化系统于2010年以后停止使用，主要原因是南海子郊野公园在施工过程中阻断了再生水地下流通管道，所以目前麋鹿苑内湿地河水主要由地下水供给，夏天汇集一些雨水。

> 苑中有潜流湿地和表流湿地两个区域，潜流湿地区域主要是对来水进行进一步处理净化，使得出水在水质和感观上得到进一步提高。表流湿地区域高密度种植多种挺水植物（如芦苇、香蒲、水葱等）。该区域将发挥三个功能：一是对来水水质进行进一步净化，二是通过回流，对苑内整个水体水质进行维护和保持，三是为参观者提供湿地景观。

麋鹿苑人工湿地河流

思考讨论

1. 这些小河的水能循环利用吗？
2. 水对于动植物来说有什么作用？

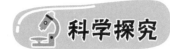 科学探究

测定麋鹿苑开放池的水质

▶▶ 问　　题

在麋鹿苑的东北角有一个开放的水池,其中的水质如何呢?随着不同的月份它又有怎样的变化呢?

▶▶ 方法步骤

1. 每月定期用烧杯在麋鹿苑的开放池中取约500毫升池水后,马上用温度计测定水温,用pH试纸测定池水的pH值(每年5～11月取水最合适)。

注:每次取水的情况(采水间隔时间、离岸边的距离、水深等)要一致,控制好实验变量。

2. 回到学校制作临时装片,在显微镜下观察池水中的微小生物,记录微生物种类并绘图记录。

麋鹿苑开放池

3. 取100毫升池水,置于一个蒸发皿中,等内部的水分完全蒸发后,观察固体物状态。

观察记录表

日期	水温	pH值	微生物种类	微生物简图	固体物状态

科普阅读

皇家苑囿话水系

昔日的皇家苑囿——南苑，是元、明、清三代皇帝围猎、演兵、休憩的场所。那你不禁会问：这片地方为什么会被选为皇家猎苑呢？究其原因，与南苑的水系有密切的关系。

南苑处于永定河山前冲积扇的溢水处，致使该区域泉眼众多。又因永定河故河道经过，地下潜流使得苑内水资源更加丰富。又由于它地势低洼，排水不畅，大量雨水也汇集于此，所以在古代南苑形成了巨大的湖泊、沼泽地带。

那么，汇入南苑湖泊和沼泽的河流有哪些呢？

清代时，南苑水系分北源和南源，小龙河属北源水系，凤河属南源水系。小龙河有泉23眼，清凉甘洌，冬不结冰，蜿蜒东流到今南场村附近分为两支。主流流到旧衙门行宫，汇入凉水河。支流为龙爪湾，流向东南，它所经低洼处潴水而成为五座海子，而溢出的海子之水在三海子的东北处注入凉水河。古代北方少数民族把较大的湖泊称为海子，这五座海子是镶嵌在南海子这片土地上的五颗明珠。

南苑水系的南源，主要是团河，在团河行宫内。河中有泉94眼，水量充沛。团河一支流出行宫的南宫墙向东南流数里后与另一水源——眼睛泡子、饮鹿池之水相汇，团河的另一支顺苑墙向东流入凤河，南红门行宫的两个泡子和五座海子之水也汇入凤河。

南苑内水系分布图

回顾南苑的水系，我们不难找出答案：是奔腾不息的南北源水系成就了这片"蒲苇戟戟水漠漠，凫雁光辉鱼蟹乐"的湿地环境，吸引了元、明、清三朝皇帝的目光，耗费了大量的人力和财力在这里建成了皇家苑囿，成就了著名的燕京十景之一——南囿秋风。

触类旁通

汉石桥湿地位于京东平原地带的顺义区，保护区总面积1615公顷。它原名叫"海子"，属潮白河水系，其所处位置是箭杆河支流蔡家河下游一片天然的低洼地。1958年，当地政府为防洪修建汉石桥水库，后水库干枯，就成了如今的苇塘。汉石桥湿地属内陆湿地生态系统类型，是北京现存唯一的半天然荒野型湿地。这里有芦苇等野生植物210多种，是多种珍稀水禽、野生鸟类的乐园和南北候鸟迁徙的重要停歇地，许多爱鸟的人常到此地观鸟，目前已记录到鸟类近150种，约占北京市鸟类种数的一半。其中，国家 I 级重点保护野生动物2种，国家 II 级重点野生保护动物17种。

汉石桥湿地

湿地之"魂"——水

一、做一做

绘制一幅麋鹿苑湿地河流简图。

二、谈一谈

根据你对麋鹿苑湿地的观察,列举出水在湿地生态系统中的作用。

三、想一想

1985年5月,北京市人民政府(简称市政府)在三海子中部900余亩(1亩≈0.067公顷)保留了原来自然地理景观的湖沼荒原上,建成了北京南海子麋鹿苑博物馆。自2010年至今,市政府投资在原来的三海子建起了南海子郊野公园。2013年,市政府对凉水河进行了综合治理,让凉水河成为一条城市景观河。

市政府为什么要投资去恢复原来的湿地?为什么将原来农田所占有的土地又还给了麋鹿等野生动物?

四、我的天地　　（日志、绘本、照片、手抄报等）

撰稿：曹盛春　宋　苑　孟庆辉

2 湿地之"肺" ——植物

聚焦问题

当你站在麋鹿苑古香古色的木栈道上，就会被眼前的柳枝曼舞、碧波荡漾、芦荻萧飕的美景陶醉。湿地是由哪些植物组成的呢？这些植物为其周围的环境起到了哪些作用？

学习导图

| 课标要求 | 说明绿色植物在生态系统中能够维持碳氧平衡、提供食物来源、涵养水源等，形成保护植物多样性的观念。 | 核心素养 | 结构与功能观、进化与适应观；发现问题、观察、结果交流与讨论。 |

湿地植物

植物
延庆野鸭湖湿地

植物
南海子麋鹿苑湿地

植物
顺义汉石桥湿地

寻找证据

探究地点

麋鹿苑科普栈道。

展品信息

麋鹿苑内人工园林景观有樱花、毛白杨、棣棠、西府海棠、合欢、马蔺等植被；保护区、缓冲区主要有山桃、杏、沙地柏、柳树等植被；湖底麋鹿饲养区有碎米荠、虎尾草、柳树等植被；河边的湿地约有20种植物，如芦苇、香蒲、荻、慈姑、芦竹、鸢尾、千屈菜、莲、柽柳等。尤以芦苇占地最多，它不仅绿化了水面，还为小型鹿科动物、鸟类的栖息和繁殖带来隐蔽之所和食物来源。此外，芦苇具有重要的生态价值：大面积的芦苇不仅可以调节气候、涵养水源，而且它的根系发达，在潜流湿地能起到净化水质的功能。

芦苇

思考讨论

1. 你在湿地中发现了多少种植物呢？
2. 这些植物能作为苑中动物的食物吗？

科学探究

探究水生植物在生态瓶中的作用

提出问题

水生植物会影响水生动物的生活吗？

方法步骤

1．准备两个容积约2升的透明玻璃瓶（塑料瓶），用加入小苏打的热水洗干净瓶子。

2．取一些沙子和小石子，用自来水冲洗，除去其中的尘土和杂质，铺在瓶子底部。将在充足阳光下曝晒两天以上的自来水倒入瓶里，水占瓶子容积的三分之二。

3．在一个瓶中种两棵有根水草，另一个瓶中不种水草，等待几个小时的时间，让水中的一些浑浊物沉淀下来。把两条小金鱼或其他水生动物分别放进瓶里，等待几个小时。小动物适应了新的环境后，将瓶口密封。

4．将两个瓶子放在温暖明亮的地方，切忌不要让阳光直射，观察瓶中动物的生活状态。

小生态瓶

科普阅读

香蒲

"红桥夹岸柳平分，稚兔年年不掩群"的南海子湿地里，恍惚间，有许多红红的蜡烛，随风摇曳，难道有人在此开生日宴会吗？走近一看，原来是一种湿地植物——香蒲。那红红的"蜡烛"是它的果实，叫蒲棒，老百姓根据它的形态，取名"水蜡烛"。香蒲的乳白色根状茎生于水下淤泥之中，粗壮的地上茎向上逐渐变细，能长到2米左右，长长的条形叶片由叶鞘紧紧地抱着茎秆。到了每年六月，挺拔的花柄托着由许多没有花瓣的小花簇拥在一起的棒状花序悄然出水。香蒲有哪些价值呢？

在生态方面，香蒲能耐高浓度的重金属而且它适应能力强，生长快，可以有效净化城市生活污水和工矿废水中的磷、氮等污染物质。所以，被较多地应用在处理工矿废水污染的环境中，如在我国南水北调工程中，香蒲和芦苇等多种湿地植物对人工湖水湿地的水质深度净化发挥了重要作用。它还能为其他生物提供栖息地，丰富整个湿地公园的生物多样性。

香蒲

香蒲花粉可入药，称为蒲黄。关于蒲黄的药用价值，还有一个历史故事：南宋的昏庸皇帝宋度宗不理国政，只顾挥霍享乐。相传有一次宋度宗突发舌头肿胀之症，为了不耽搁第二天的赏花游玩大业，各路医生纷纷奉命贡献偏方良策，有人用蒲黄和生姜治好了宋度宗的病。不过提醒一下，即使蒲黄有药用价值，也不要从野外自己采摘，以免服用不当伤害身体。

香蒲除生态、药用等价值外，还有悠久的历史文化。从晋代开始，官员常用生牛皮或熟牛皮制成皮鞭，惩戒过失之人。东汉人刘宽，涵养深厚，为人有德量。汉恒帝时，征召他为尚书令，升南阳太守，典历三郡。刘宽理政，温仁多恕，属下官吏有了过失，只取香蒲叶制作的蒲鞭示罚，告诫而已。这样人们便以"蒲鞭示辱"来比喻以德从政。李白的"蒲鞭挂檐枝，示耻无扑抶"、苏轼的"顾我迂愚分竹使，与君谈笑用蒲鞭"，都将蒲鞭之典写进诗中。

触类旁通

说到北京的湿地，除南海子麋鹿苑湿地和汉石桥湿地外，野鸭湖湿地也是大名鼎鼎。野鸭湖湿地位于北京市延庆区西南部的延庆镇、康庄镇、张山营镇和延庆农场交界处，具有水库、河流、沼泽、季节性泛滥地等多种湿地类型，湿地面积达3939公顷，是北京地区湿地面积最大的湿地生态系统，同时也是北京市首个湿地鸟类自然保护区。如果你对湿地生态系统感兴趣，一定要去这些地方看看，考察湿地的水源、水质、植被、动物等，相信会给你带来更多的发现和思考。

湿地之"肺"——植物

选择题

一、选一选

1. 这些湿地植物中，属于单子叶植物的是（　　　）

A. 千屈菜　　　B. 莲　　　C. 芦苇　　　D. 柽柳

2. 在以下对香蒲的文字描述中，你能推断出香蒲在植物分类中属于（　　　）

香蒲的乳白色根状茎生于水下淤泥之中，粗壮的地上茎向上逐渐变细，能长到2米左右，长长的条形叶片由叶鞘紧紧地抱着茎秆。到了每年六月，挺拔的花柄托着由许多没有花瓣的小花簇拥在一起的棒状花序悄然出水。

A. 裸子植物　　　B. 被子植物　　　C. 苔藓植物　　　D. 蕨类植物

非选择题

二、答一答

在生态瓶的制作中，你的瓶子里都放了哪些生物？分别属于生态系统的什么成分呢？请你把自己制作的生态瓶与湿地生态系统的成分进行比较，哪一种生态系统能够维持的时间更长久？为什么？

开放性问题

三、想一想

人工湖必须采取综合的节水与补水措施，以防止湖水的过度渗漏。许多环保专家和建筑专家都采用铺设防渗膜的方法来做湖底防渗工程，阻碍了天然地层中地下水的下渗过程。在湖底与湖岸边大面积铺设防渗膜虽然能够形成较大的水域景观，能在短期内使水生生物得以恢复，但会对湖底和湖岸边的植物生长产生负面影响。

现在有专家大胆地提出采用防渗阻隔技术来处理湖底防渗的工艺，这种工艺采用动物蛋白胶质体为主要胶结材料，其与含有一定水分的土壤混合后，溶液中的高价离子可以改变土壤颗粒表面电荷的特征，降低土壤颗粒间的排斥力，使之无法更多地吸收水分，从而使土壤中的含水量达到稳定平衡。这种湖底防渗的工艺不仅能保持湖内的水不被渗漏和流失，更重要的是使用这种技术处理土壤性质更好，湖底、湖岸边都能长草，水质呈弱碱性，保持很好的水体环境，更适合水中生物的生活繁殖，保持一个更生态更环保的人文景观。

1. 湖底铺设防渗膜对生态系统中的哪些成分的生活有影响？

2. 如果让你来规划环保的方法保持人工湿地生态系统的长期稳定平衡，你应该考虑哪些方面？

四、我的天地　（日志、绘本、照片、手抄报等）

撰稿：曹盛春　宋　苑　孟庆辉

3 寻"lu"南海子——麋鹿传奇

聚焦问题

在北京城南有北京最大的湿地公园南海子，它一直演绎着麋鹿失而复得的传奇故事。下面，我们就去南海子探究麋鹿的神奇。

学习导图

课标要求 关注我国特有的珍稀动植物，说明保护生物多样性的重要意义。

核心素养 进化和适应的关系；尝试解决生产、生活中的生物学问题。

濒危物种

大熊猫
北京动物园

麋鹿
南海子麋鹿苑博物馆

绿孔雀
云南西双版纳园

寻找证据

探究地点

北京南海子-麋鹿苑：模式种产地、一度灭绝地、成功回归地。

南海子公园—南海子麋鹿苑地图
Nanhaizi—Milu Park

N

麋鹿雕像
the Antler Momument

灭绝动物墓碑
the Graves

文化桥
the Culture Bridge

栈道
the Planked Road

圣石桥
the Sacred Stone Bridge

大牌坊
the Gatet

- ● 不要错过这些景色 Don't miss us
- —— 跟我走就不会迷路 Follow Me
- ▢ 波光粼粼的湖面 Yes I am Lake

展品信息

　　麋鹿，又名"四不像"，是世界珍稀动物，属于鹿科。麋鹿为大型鹿类，又与其他鹿有明显的不同，角似鹿而不是一般的鹿，脸似马而不是马，蹄似牛而不是牛，尾似驴而不是驴，故又名"四不像"。相传，《封神榜》中姜太公的坐骑即为"四不像"，给这种珍稀动物增添了神秘色彩。

　　模式种是生物分类学上的一个名词，是用来代表一个属或属以下分类群的物种。被首次发现，且被描述并发表的物种定为模式种。

　　麋鹿原产于中国长江中下游沼泽地带，是中国特有物种。曾经广泛分布于中国东部平原湿地，后来由于自然气候变化和人为因素，在汉朝末年就开始衰退直至近代野外灭绝。清朝以后，北京南苑皇家猎苑里生活着中国最后一个麋鹿种群，它们被皇家饲养以备游猎。这群麋鹿于1900年因战乱和洪水灭绝。至此，中国本土再无麋鹿身影。1865年，法国神父阿芒·戴维于南苑皇家猎苑发现麋鹿并将此物种介绍到欧洲，此后，一些麋鹿被运送到欧洲生活在各地动物园内。1894—1901年，英国第十一世贝福特公爵重金购买下当时散落在欧洲的18只麋鹿，放养在乌邦寺庄园内，这18只麋鹿是现在所有麋鹿的祖先。1944年起，乌邦寺开始输送麋鹿到各地，截至1977年，全球已有麋鹿900只。1985年8月24日，20只麋鹿被乌邦寺庄园送回北京南海子麋鹿苑作为麋鹿重引进项目的开端，此后，更多的麋鹿回归家乡，并有部分被放生野外。

思 考 讨 论

1. 麋鹿的生活环境有什么特点？
2. 麋鹿濒临灭绝到种群扩大都是什么原因造成的？

 科学探究

麋鹿苑大搜索

在中国文化里面，麋鹿是神奇、吉祥之物。它体态雄伟，角如梅枝，尾似长鞭，或静如处子，或动若脱兔，并长于迅跑，善于泅水，素有"瑞兽"之誉。它不仅是先民狩猎的对象、崇拜的图腾和重要祭品，还作为生命力旺盛（鹿角年落年生、生长神速）的标志和升官发财的象征（福"禄"寿喜）。作为一个古老而又新生的物种，其身上蕴藏的各种价值是其他动物难以企及的，它有很深的历史渊源，主要见于甲骨文、青铜器、原始岩画、民间绘画等。

1. 麋鹿的形态特征

麋鹿的角_____、脸_____、尾_____、蹄_____，因此得名四不像。

2. 麋鹿与诗词

浣溪沙

苏轼

照日深红暖见鱼，

连溪绿暗晚藏乌。

黄童白叟聚睢盱。

麋鹿逢人虽未惯，

猿猱闻鼓不须呼。

归家说与采桑姑。

从诗中看出麋鹿的生存环境和在宋代的种群数量特点：

_____

_____

_____

3．麋鹿传奇

麋鹿的灭绝：_____

_____

麋鹿的回归：_____

_____

4．与麋鹿有重要关系的3个人物及其国籍

_____

_____

5．搜寻并思考使麋鹿队伍壮大的策略

_____

_____

科普阅读

麋鹿传奇

麋鹿，俗称"四不像"，是中国特有的动物，也是与大熊猫齐名的世界上稀有的珍兽。它曾有过一段不平常的身世。

据科学家从出土的化石考证，麋鹿曾经广泛分布于中国东部的平原湿地，从春秋战国时期至清朝，古人对麋鹿的记述不绝于书。它不仅是先人狩猎的对象，也是祭祀仪式中的重要祭物。《孟子》中记述，"孟子见梁惠王，王立于沼上，顾鸿雁麋鹿曰：'贤者亦乐此乎'"，这证明至少在周朝，皇家的园囿中已有了驯养的麋鹿。汉朝以后，野生麋鹿数量日益减少。到清朝，野外的麋鹿基本灭绝，只有北京南苑皇家猎苑还有被皇家作为猎物和祭祀物留下来的唯一种群，大约200～300只。

1865年，法国传教士阿芒·戴维来到南苑皇家猎苑，偶然发现了围墙里的麋鹿，引起了他的极大兴趣，他想方设法弄到两张麋鹿的皮毛找人运往巴黎。这两张皮毛一张是成年母鹿的，另一张是亚成体母鹿的。此后，又有一些麋鹿先后被运往欧洲一些国家。1900年八国联军入侵北京，南苑皇家猎苑的麋鹿被洗劫一空，从此麋鹿在中国销声匿迹。

英国第十一世贝福特公爵听说了麋鹿的故事，他花重金购买下了当时散落在欧洲几个动物园里的麋鹿，也是当时世界仅存的18只麋鹿，放养在了自己的庄园——乌邦寺里。得益于乌邦寺的环境和公爵家族的放养模式，麋鹿在英国重新繁衍生息，种群得到恢复。20世纪80年代，时任塔维斯托克侯爵的第十四世贝福特公爵曾多次向国际科学界表示，他希望有朝一日麋鹿能重新

> 迁地保护，又叫作易地保护。迁地保护指为了保护生物多样性，把因生存条件不复存在，物种数量极少或难以找到配偶等原因，生存和繁衍受到严重威胁的物种迁出原地，移入动物园、植物园、水族馆和濒危动物繁殖中心，进行特殊的保护和管理，是对就地保护的补充。迁地保护是生物多样性保护的重要部分。

回到中国安家。1982年，中国驻英国大使馆正式联系到他，并着手开展麋鹿的重引入工作。1985年，在多方协助下，英国乌邦寺赠给中国的第一批麋鹿于8月24日空运到北京，饲养在麋鹿祖先世代居住的地方——南海子麋鹿苑。麋鹿经过近100年的颠沛流离，终于又回到了故乡。

麋鹿是一种大型食草鹿科动物，体长170～210厘米，尾部及其毛长60～75厘米。雄性肩高120～135厘米，雌性体形比雄性略小，肩高110～130厘米。一般成年雄性体重190～300千克，雌性体重150～200千克，初生仔12千克左右。麋鹿俗称"四不像"，即角似鹿而非鹿，脸似马而非马，蹄似牛而非牛，尾似驴而非驴。雄性麋鹿长角，角每年脱落一次，一般冬至前后脱角，至第二年春天，新角长成。雌性麋鹿没有角。麋鹿角形状特殊，角干在角基上方分为前后两枝，前枝向上延伸，然后再分为前后两枝，每小枝上再长出一些小杈，后枝平直向后伸展，末端有时也长出一些小杈，倒置时能够三足鼎立，这在鹿科动物中是独一无二的，这一特点也能保证麋鹿不被湿地中的蒿草缠住角以致无法行走。麋鹿的脸长，指它眼睛到口鼻之间的距离长，这个距离大了，麋鹿才能方便地吃到心仪的水草，这个距离大了，麋鹿才能及时发觉远处埋伏的猛兽。麋鹿的蹄宽大能分开，适宜在湿地中行走；趾间有皮腱膜，这成为麋鹿游泳的利器。麋鹿是所有鹿科动物里游泳游得最好的，这一特性帮助生活在湖北石首的麋鹿平安度过了1998年的长江大洪水。麋鹿尾巴长，是鹿科动物里尾巴最长的，这是因为麋鹿生活在湿地中，长尾可用来驱赶蚊蝇。夏天麋鹿的毛薄为红棕色，冬天毛厚为灰色。幼仔每年4—5月降生，初生幼仔毛色发红，有白色斑纹，这是成年麋鹿身上没有的。

触类旁通

　　我国是生物多样性极为丰富的国家，但是随着栖息地丧失或破坏，不少我国的珍稀物种濒临灭绝，必须进行迁地保护。麋鹿是中国特有的、国家一级保护动物，是世界自然保护联盟红皮书野外灭绝物种。其中，麋鹿的保护是一个极端的例子。20世纪初，麋鹿在中国已经灭绝，从国外引进，长途迁地保护，是我国对麋鹿保护唯一可行的措施。随着环境变迁和人类活动的破坏，许多适合野生动植生存的空间，如湿地、森林等在日益缩小，甚至消失。随着城市规模扩大，许多在郊区的动物栖息地被斑块化，尤其不利于一些活动领域大的动物生存。因此，为了人类和野生生物能够和谐发展，我们不得不让一些野生动植物"搬家"。植物园、动物园及野生动物饲养场是迁地保护的优良场所。

　　在麋鹿苑，除麋鹿外，你还能找到其他迁地保护成功的例子吗？

寻 "lu" 南海子——麋鹿传奇

南海子—麋鹿苑是充满传奇的地方，见证麋鹿从消失到回家的地方。

一、选一选

1. 麋鹿生活在什么地方（　　　）

A. 草原　　　　B. 湿地　　　　C. 森林　　　　D. 沙漠

2. 麋鹿的角独一无二的特点是（　　　）

A. 角很大　　B. 只有雄鹿有角　　C. 倒置时能够三足鼎立　　D. 每年换角

二、填一填

麋鹿又名"四不像"，但这四个像和不像其实都是它为了适应湿地生活进化出来的特点，这四个特点是？

角_____，脸_____，蹄_____，尾_____。

麋鹿

开放性问题

三、想一想

北京南海子文化大会吉祥物花落谁家

从2018年起，每年召开一次北京南海子文化大会，如果给大会设计一个吉祥物，哪种有本土特色的动物能成为吉祥物？是麋鹿、褐马鸡、梅花鹿、喜鹊，还是其他？

著名环保科普专家郭耕对2022年北京冬奥会吉祥物评选给出选麋鹿的十大理由：科学史、传统文化、爱国主义教育、国际合作、拯救濒危物种、科普教育、生态恢复、体育精神、首都建设做贡献、麋鹿形象。但民间因麋鹿的"四不像"雅号而反对它入围。

你会选择麋鹿作为吉祥物吗？

说出你的理由：_____

给吉祥物起个名字：_____

如果不选择麋鹿，你选择哪种动物：_____

请设计一个吉祥物：

四、我的天地 （日志、绘本、照片、手抄报等）

撰稿：陈宏程　侯朝炜

收入课本的灭绝动物墓地

聚焦问题

翻开人教版《生物学》八年级上册课本，有一幅灭绝动物墓地图，它就拍摄于麋鹿苑。你了解建这个世界灭绝动物墓地的目的吗？我们应该如何反思自己的行为并为自己的行为负责？

学习导图

课标要求 关注我国特有的珍稀动植物，说明保护生物多样性的重要意义。

核心素养 进化和适应的关系，参与个人和社会事务的讨论。

灭绝动物

恐龙
中国科学技术馆

墓地
南海子麋鹿苑

渡渡鸟
国家动物博物馆

🔍 寻找证据

🏛 探究地点

麋鹿苑科普体验区东南侧。

灭绝动物指的是已经消失的动物。它们中有世界上最大的海雀、毫无防御能力的史德拉海牛、地球上最大的狮子、世界最南端的狼、唯一生活在非洲的熊、世界上仅有的纯白色豹。

🏷 展品信息

世界灭绝动物墓地

北京南海子麋鹿苑内有一座"世界灭绝动物墓地"，在那里排列着近300年来已经灭绝的各种鸟类和兽类的名单，每一块墓碑都代表一种已经灭绝的动物，上面记载着灭绝的年代和灭绝的地方。

一块倒向一块的石头象征着工业革命以来灭绝了的野生动物，用多米诺骨牌的形式表现给大家，是为了让人们对物种灭绝的严重连带关系有一个清晰的认识。上百种动物相继倒下，最后一块倒石上书：英国莱桑池蛙，1999年灭绝。紧接着是一块将倒未倒的石块，上书：白鳍豚。其后则是一个个濒危动物，在后面的几块中，你还会见到写有"人类"字样的石块以及其后的"鼠类""虫类"。灭绝多米诺的尽头端立一方天然清白石，上书：世界灭绝动物墓地。有一束半干的菊花被摆放在墓碑前，周围掩映着苍松翠柏。一副副巨大的写有五大洲灭绝动物的十字架依次排列，相对墙面上画着一些著名的灭绝动物，它们的故事令人恻隐。碑石背面的墓志铭则更是发人深省：工业革命以来，以文明自诩却无限扩张为所欲为的人类，已使数百种动物因过度捕杀或丧失家园而遭灭顶之灾。当地球上最后一只老虎在人工林中徒劳地寻求配偶；当最后一只未留下后代的雄鹰从污浊的天空坠向大地；当麋鹿的最后一声哀鸣在干涸的沼泽上空回荡……人类也就看到了自己的结局。

思考讨论

1. 在麋鹿苑设置世界灭绝动物墓地有何警示意义？
2. 多米诺骨牌出现一只人类的手有何寓意？

科学实践

给白犀牛写墓志铭

2018年3月19日，世界上最后一头雄性北白犀牛——"苏丹"去世了，这一天既是苏丹的忌日，也相当于敲响了这个物种的丧钟。现今，只留下一对北白犀牛母女。也许我们这一代人，有一天将见证这一物种的灭绝……

苏丹的死，意味着北白犀牛向灭绝的边缘又靠近了一步。它早已被国际自然保护联盟（IUCN）《受胁物种红色名录》评估为野外灭绝（EW），事实上跟当年白鱀豚的情况几乎是一样的，早已经属于功能性灭绝了。

然而，今天的我们到底可以为野生动物做些什么？野生动物或者这个地球需要我们救赎吗？或许答案是否定的。今天，我们挽救野生动物，本质上只能说是在挽救我们自己。

当一个个多米诺骨牌倒下的时候，最后一张绝对不是我们，因为还没有等到所有动物灭绝的时候，人类一定会先走一步。

墓志铭是一种悼念性的文体，更是人类历史悠久的文化表现形式。墓志铭一般由志和铭两部分组成。志多用散文撰写，叙述逝者的姓名、籍贯、生平事略；铭则用韵文概括全篇，主要是对逝者一生的评价。但也有只有志或只有铭的，可以是自己生前写的，也可以是别人写的。

纪念"苏丹"，只是为了给我们自己敲响警钟。那么，我们就参照上面的墓志铭，给白犀牛"苏丹"写个墓志铭。

科普阅读

人为导致灭绝的野生动物

渡渡鸟于1681年灭绝

渡渡鸟是仅产于印度洋毛里求斯岛上一种不会飞的鸟。这种鸟在被人类发现后仅仅200年的时间里，便由于人类的捕杀和人类活动的影响彻底灭绝，堪称是除恐龙之外最著名的已灭绝动物。

奇怪的是，渡渡鸟灭绝后，与渡渡鸟一样是毛里求斯特产的一种珍贵的树木——大颅榄树也渐渐稀少，似乎患上了不孕症。渡渡鸟喜欢在大颅榄树的林中生活，在渡渡鸟经过的地方，大颅榄树总是繁茂，幼苗茁壮。到了20世纪80年代，毛里求斯只剩下13株大颅榄树，这种名贵的树也快要从地球上消失了。

1981年，美国生态学家坦普尔来到毛里求斯研究这种树木，这一年正好是渡渡鸟灭绝300周年。坦普尔细心地测定了大颅榄树的年轮后发现，它的树龄正好是300年，也就是说，渡渡鸟灭绝之日也正是大颅榄树绝育之时。坦普尔通过细致的观察发现，在渡渡鸟的遗骸中有几颗大颅榄树的果实，原来渡渡鸟喜欢吃这种树木的果实。最后坦普尔推断，大颅榄树的果实被渡渡鸟吃下去后，果实被消化掉了，种子外边的硬壳也被消化掉，这样种子排出体外才能够发芽。最后科学家让吐绶鸡来吃大颅榄树的果实，以取代渡渡鸟，从此，这种树木终于绝处逢生。渡渡鸟与大颅榄树相依为命，鸟以果实为食，树以鸟来生根发芽，它们一损俱损、一荣俱荣。

斑驴于1883年灭绝

在1788年时，斑驴被视作一个独立物种——马属斑驴。而在其后约50年间，自然学者和探险家发现了许多种其他斑马，各种斑马间毛皮的花纹各不相同（实际上任何两只斑马身上的条纹都不会完全一样）。分类学家发现这样一来新兴物种太多了，并不利于人类区分哪些是真正的物种，哪些是亚种，哪些只是自然变异。就在人类还未理清分类的混乱之时，在人类的猎食、收集皮革、家养驯化之下，斑驴已走向了灭绝。最后一只野生斑驴大约在17世纪70年代末期被射杀，世界上最后一只捕获的斑驴则于1883年8月死于阿姆斯特丹的阿蒂斯·马吉斯特拉动物园。

德克萨斯红狼于1970年灭绝

为了发展农业，美国的农场主大量开荒造地，甚至大片的森林也被开垦出来。当地生态环境在很短的时间内遭到了极大的破坏，德克萨斯红狼栖息地急剧减少，正常的繁衍与生存状态失去平衡。同时，畜牧业的发展使得德克萨斯红狼成了美国农场主的死敌，它们不断被猎杀。由于德克萨斯红狼数量越来越少，在找不到同类的情况下，它们不得不同其他种类的狼，特别是北美郊狼交配，从而引起种群特性消退。1970年，最后一只纯种的德克萨斯红狼死在得克萨斯州和墨西哥不远处的海湾。

亚欧水貂于1997年灭绝

尽管亚欧水貂的毛皮似乎不如北美水貂那样有价值，但依然被人类疯狂地捕捉、猎杀以用于商业目的。另外，水利电力的发展和水质的污染使它们失去了一片又一片的栖息地，数量急剧减少。过去，它们在欧洲各国都曾有分布，大约在1995—1999年灭绝。

触类旁通

认识动物福利

世界动物卫生组织（World Organization for Animal Health，OIE）将动物福利定义为动物的一种生存状态，良好的动物福利状态包括健康、舒适、安全的生存环境，充足的营养，免受疼痛、恐惧和压力，表达动物的天性，良好的兽医诊治和疾病预防，合理人道的屠宰方法。

英国农场动物福利委员会（Farm Animal Welfare Council）提出动物福利五项指导原则，分别为：免受饥渴；免受不适；免受疼痛、伤害和疾病；免受恐惧和痛苦；表达正常行为。

动物实验替代方法"3R"原则为科研中动物的使用提供有用的指导，分别是减少实验动物数量（Reduction）、改进动物实验方法（Refinement）、替代实验动物（Replacement）。

收入课本的灭绝动物墓地

站在灭绝动物墓地前，你会有一种仪式感，也会有许多感慨，保护我们动物朋友人人有责！

一、选一选

1. 全世界共有三种孔雀：绿孔雀、蓝孔雀和刚果孔雀，濒临灭绝的是（　　）

A. 绿孔雀　　　B. 蓝孔雀　　　C. 刚果孔雀　　　D. 都是

2. 与渡渡鸟一起生活的大颅榄树随着渡渡鸟灭绝也渐渐稀少，也快要从地球上消失了，这是因为渡渡鸟为大颅榄树提供（　　）

A. 鸟粪肥料　　B. 传粉　　　C. 消化果皮使种子萌发　　　D. 吃害虫

二、答一答

北京麋鹿苑有一个纪念绝种动物的世界灭绝动物公墓，公墓的墓碑上刻着这样一段墓志铭："当地球上最后一只老虎在人工林中徒劳地寻求配偶；当最后一只未留下后代的雄鹰从污浊天空坠向大地；当麋鹿的最后一声哀鸣在干涸的沼泽上空回荡……人类，也就看到了自己的结局！"

（1）世界灭绝动物公墓的墓志铭给了我们什么警示？

（2）人类和其他生命之间需要建立一种怎样的关系？为什么？

开放性问题

三、想一想

世界地球日

世界地球日，在每年的4月22日是一项世界性的环境保护活动。

中国从20世纪90年代起，每年都会在4月22日举办世界地球日活动。

地球日主题：地球——我们共同的家园

仪式：老师讲解麋鹿历史及相关环境问题

祭拜：祭拜已经灭绝的生物及签名

体验：模仿动物的行为（科普体验区）

倡议：地球是我们共同的家园，经历了体验，想必你对当前地球的生态环境有了进一步的认识与了解。就让我们带着虔诚之心，向我们身边的人发出内心的呼喊吧！请你写一份150～200字的关于"保护地球环境的倡议书"。

四、我的天地 （日志、绘本、照片、手抄报等）

撰稿：陈宏程　侯朝炜

5 解码人和动物的粪便

聚焦问题

　　麋鹿苑中生活着麋鹿、孔雀等许多漂亮的明星动物，它们每天从体内排出一定量的粪便。你认识它们的便便吗？这些动物的便便是如何变废为宝的呢？

学习导图

课标要求 概述生态系统的组成。描述生态系统中的食物链和食物网。举例说明生物和生物之间有密切的联系。

核心素养 物质与能量观，演绎与推理，关爱生命、保护环境等。

动物粪便

动物粪便
北京野生动物园

动物粪便
南海子麋鹿苑湿地

动物粪便
北京动物园

寻找证据

探究地点

麋鹿苑湿地和放养区。

展品信息

粪便，俗称大便，是人或动物的食物残渣排泄物。粪便的四分之一是水分，其余大多是蛋白质、无机物、脂肪、未消化的食物纤维、脱了水的消化液残余，以及从肠道脱落的细胞和死掉的细菌，还有维生素K、维生素B。粪便又称"屎""便便"，或者在东北方言中称"粑粑"。对于农民来说，粪便可以作为较好的有机肥料。

粪便产生气味的主要成分是吲哚、粪臭素、硫化氢、胺、乙酸、丁酸。其中吲哚和粪臭素是产生恶臭的根源，这是蛋白质被肠内细菌分解所形成的物质，换句话说，如果摄取大量的高蛋白质，大便就会变得很臭。而这些东西对人体都是有毒害的，肠道正常的人——比如婴儿的大便中是不含这些成分的。

粪便DNA分子标记在濒危动物保护中的应用广泛，为了避免取样对野生动物的伤害，一种新的取样方法——非损伤取样应运而生。使用这种方法可以在不触及或不伤害野生动物本身的情况下，通过收集其自然脱落的毛发、粪便、尿液、食物残渣、鳞片和卵壳等不同形式的分析样品而进行遗传分析。在所有的非损伤取样中，收集粪便样品对动物的干扰最小，且最容易收集，因此利用粪便样品来获取基因组DNA，然后借助PCR技术和多种分子标记，从而对动物进行遗传分析是最具潜在应用价值的。

泰国利用大象粪便，生产出象便纸，以替代现在的传统纸。根据最新的科研报告显示，这些动物的粪便里大概含有40%的纤维素，这些纤维素能够被很容易地采集到，然后回收再利用。研究人员会首先使用一种氢氧化钠溶液处理测试粪便，过程中去除部分木质素，以及其他一些杂质，例如，死细胞和蛋白质。为了彻底去除木质素，并制作出白浆用于造纸，人们必须使用次氯酸钠进行漂白。因为动物已咀嚼了植物，并用酸和酶消化了这些物质，所以我们制造纳米纤维素的成本非常低廉。

思考讨论

1. 粪便的臭味是由什么物质引起的？
2. 从粪便中可以知道哪些信息密码？

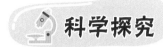 **科学探究**

用蚯蚓粪便种植多肉植物

▶▶ **实验对象**

长势相同的千佛手三盆。

▶▶ **养护环境**

室内通风处，早上和下午大概各有两小时光照。

▶▶ **实验方式**

养护方式基本一致，浇水都是同一周期，唯一的差别是配土，紫盆是椰糠和珍珠岩1:1比例；黄盆是椰糠、珍珠岩和蚯蚓粪便1:1:2比例；粉红盆仅用蚯蚓粪便，主要看会不会造成肥伤。

▶▶ **实验前**

▶▶ **三个月后**

▶▶ **种植结果**

实验进行半个多月，三盆植物外观没太大差别，无蚯蚓粪便的似乎还长得快点，可能缓苗期肥料多反而是障碍。

历时三个月，可以明显看出没施肥的是最小的（叶子都没长出盆外），一半蚯蚓粪便的长得最大，纯蚯蚓粪便的其次，并没有造成肥伤，长得较慢的原因可能是纯蚯蚓粪便容易板结，水分容易散失，不利于干佛手生长（实验过程中，有几次浇水，纯蚯蚓粪的都感觉干透了，基质也从满满一盆缩成只剩半盆）。

无蚯蚓粪便和一半蚯蚓粪便的对比，无蚯蚓粪便的个头比较小、枝条略细、无侧芽，但是颜色感更好。

一半蚯蚓粪便的干佛手明显长得最好，颜色更绿，侧芽最明显。

纯蚯蚓粪便的干佛手个头也不小，也长侧芽了，没产生肥伤。

关于蚯蚓粪便的小知识

蚯蚓粪便有机肥具有颗粒均匀、干净卫生、无异味、吸水、保水、透气性强等物理特性，能提高植物光合作用、保苗、壮苗、抗病虫害和抑制有害菌。可明显改善土壤结构，提高肥力和彻底解决土壤板结问题。在提高农产品品质，尤其是茶、果、蔬类产品的品质方面效果显著，相较于其他有机肥，蚯蚓粪便不会产生肥伤。有些花卉种植是直接种植在蚯蚓粪便上的。经蚯蚓消化后的有机质颗粒细小，表面积比消化前提高了100倍以上，能提供更多的机会让土壤与空气接触，从根本上解决土地板结问题。据国内研究机构的研究成果，每500克蚯蚓粪便其效果可等同于5千克农家肥，既经济实惠又方便施用。

📖 科普阅读

看粪便识动物

粪便虽然又臭又难看，它却犹如一部天书，记载着许多信息密码。观察各种动物的粪便，也是生态学和动物研究的重要手段。在野外，通过粪便可以推断出动物的种类，甚至动物的年龄、身体状况和生活习性。

骆驼（脱水粪）

骆驼和其他偶蹄类动物一样，都喜欢反刍，把吃过的食物嚼了又嚼。由于居住在荒漠，骆驼的食料也以旱生、沙生植物为主——坚硬多枝的"骆驼刺"、叶片狭小的"红柳"，以及干涩的"拂子茅"等禾草，可供它们饱腹。因为常年生活在缺水的环境中，骆驼肠道很有效率地回收了食物中的大部分水分，对水的处理堪称吝啬。所以，它们的粪便大都是浅褐色的干燥扁圆球形，几乎没有什么多余的水分。

亚洲象（草团粪）

热带雨林里的亚洲象，把禾草和树叶当成主食。一头成年大象，每天要吞食二三百斤的鲜草——食量大，粪量自然也高得惊人。粗大圆柱形的大象粪，成坨成堆，散落在森林中大象踏出的小路上。虽有盲肠中的肠道共生菌帮忙，但是富含纤维素与木质素的坚硬禾草，显然没那么容易彻底消化——新鲜的象粪堆里，从金黄色到褐色，未消化的粗线条断草一览无余。而象粪风干之后，看起来几乎就是一团碎草。吃草拉草，营养的吸收效率一定高不了。据说斯里兰卡的大象孤儿院曾经象粪成灾，所以有人灵机一动，将富含纤维的象粪用于造纸，不仅质量绝佳，而且环保健康，甚至还被当作国礼，和著名的斯里兰卡红茶一起被赠送给了国际友人。

美洲马鹿（高消化粪）

大型食草动物美洲马鹿是典型的反刍动物，它拥有4个胃室和复杂的反刍机制，能把禾草反复咀嚼消化。由于食草动物开饭之时，常有天敌在旁觊觎，因此只能匆忙吞咽，还要随时准备拔腿逃命。到了安全的地方，一边休息，一边让胃中粗

略咀嚼过并搅拌了消化液的青草回到口腔，再次细细咀嚼品尝。由于食团一次又一次在马鹿体内折腾，消化比较充分，待到最后排出体外，食物的原样几乎难以辨认了。同样是吃青草、树叶等植物纤维，与不反刍的食草动物相比，马鹿的粪便显然更让人迷惑：想通过粪便看出咱吃了什么？要辨认是够您费劲的啊！

麂（轻微粘连粪）

麂子是小型的食草鹿类，居住在南方的森林里，体形和狗差不多，性格谨慎机敏，所以难得一见，但是偶尔会在林间看见它的粪便。麂子的粪便形如很多聚集在一起的大号兔粪，是由许多略软的圆块挤压成的条形。麂粪的圆粒状结构形成原理与兔粪相似，都是被直肠"夹"成这种形状的，只是在最后排出体外时，粪球没有被彻底切分开来，常带有少量的粘连。麂子属于反刍动物，它们的粪便更为细碎，外观上也更光滑均匀。同时，由于混合了胆汁的颜色，麂的粪便呈深咖啡色。

史上唯一会拉方形便便的澳洲袋鼠

袋鼠是澳大利亚最具标志性的动物。它们在世界上出名的是：它们的便便，真的是有棱有角的哟！不止方，且干而不臭！世界真是无奇不有！

据说袋鼠的食物在肠子里，随着水分的减少，断成一截一截的，开始是圆柱形，直径与长度相仿，但是在大肠的膨大区，这些块段互相摩擦挤压，最终形成了方形的便便。这些便便水分被吸收干之后会变得很结实且硬，最后哪怕是圆形的肛门也无法改变它们方形的形状了。

羊的粪便是圆的

古人说：羊肠小道。羊肠子细，单位面积的大便质量小，大便的时候靠肠子的蠕动将大便挤出来，所以呈圆形。

野生的羊生活在缺少水源的高山上，它们

的身体代谢要尽量减少水分的消耗，食物中的水都被肠子吸收了，这样就不会有很多水分随粪便排出而丧失。现在家养的羊也遗传了这样的天性，即使给它们吃鲜嫩的草，让它们喝水，它们的粪便依然是很干的颗粒状。同样的道理，骆驼和一些鹿的粪便也是这样的。

羊是高热量动物，大便特别干燥。羊的小肠非常狭窄，小肠到大肠的口松紧伸缩度很好，因此如造粒机一样挤一段压一粒成了小球形。仔细观察发现：羊粪球的卵圆形表面上有明显的纵纹，这是肠道施压的结果。没有任何一种食草动物的粪粒是绝对的球状，而都是卵形或者饼形，这说明压缩粪粒的过程是在一段狭小的"模具"中进行的，两头暂时关闭。

触类旁通

动物的体形差异很大，一次排出的粪便量也不同，但排一次便的时间差异不大。美国几名学者，从亚特兰大动物园的34种哺乳动物排泄物中挑选样本，测量这些粪便的密度和黏稠度。研究发现，大多数大象和其他食草类动物的粪便会漂浮在水面上，大多数老虎和其他食肉类动物的粪便则会沉入水底。他们还将粪便按臭味浓度排序，臭味最浓的是老虎和犀牛粪便，最淡的是熊猫粪便。体型较大的动物往往粪便更长，但排便的速度更快。例如，一头大象每秒可排出6厘米粪便，约为狗的6倍。人类排便的速度则介于两者之间，每秒约2厘米。这样一来，虽然动物的排便量可能天差地别，但许多动物的排便时长其实都差不多，约为12秒（存在正负7秒误差）。考虑到大象粪便体积约20升，接近狗的1000倍，这一时间范围可以说相当有限。

那么，为何体形较大的动物排便速度如此之快呢？

解码人和动物的粪便

世间处处皆学问，只有想不到，没有做不到。蜣螂的出名就与粪便有关，那么，作为研究者，从动物的粪便上，你是否也有很多惊喜的发现。

一、选一选

1. 下图是哪种动物的粪便（　　）

A. 骆驼　　　　B. 金丝猴　　　　C. 大熊猫　　　　D. 藏羚羊

2. 大便的气味是由摄入的蛋白质被肠内细菌分解形成吲哚类物质引起的，推测一下哪种食性的动物粪便最臭（　　）

A. 植食性　　　　B. 肉食性　　　　C. 杂食性　　　　D. 没有规律

二、答一答

在北京师范大学东门有个著名的"天使路"，道路两旁的杨树上密密麻麻聚满了小黑点。没见过的还以为是"花骨朵"，仔细一瞧，才发现是一只只乌鸦缀满枝头。路面则涂满了白色鸟粪，行人弄不好会"啪"一声中个"头彩"。北京师范大学是北京乌鸦最集中的区域，最多一年统计有12000多只乌鸦，其中95％以上是小嘴乌鸦，有少量的秃鼻乌鸦、大嘴乌鸦等。

乌鸦身为生态系统的一员，其群集现象与各种生态因素有关，其中城市化是重要因素之一。城建扩张使市郊周围高大树木大多被砍，失去家园的乌鸦便进城寻找"新大陆"，导致在城内分布更集中。

一些学者还将乌鸦比喻为"城市清道夫"，因为它们荤素皆能入口，常在生活垃圾中觅食腐肉和残剩饭菜。从大环境看，乌鸦还能减少垃圾污染，维持城市生态环境平衡。

乌鸦食量大，排便多，且无缓慢节律。白天吃饱喝足，晚上到城里就开始集中排便。冬天排泄物容易上冻，这也成了城市清洁一大难题。

乌鸦在城市出现，主要是因为：_____ 。

对处理乌鸦粪便的污染问题，你有什么建议？

开放性问题

三、想一想

随着养殖业的快速发展，畜禽粪便大量堆积对环境的污染也日益严重。为了缓解环境和资源问题，将这些丰富的有机质资源化进行重新利用显得越发重要。微生物在粪便除臭、有机质降解转化，甚至是通过调整饲料营养比例或改善饲料消化水平来降低禽畜粪便的生产量都起着重要的作用。因此，利用微生物来改善养殖业废弃物带来的污染问题，以及资源化利用畜禽粪便具有广阔的应用前景。

堆肥是最常见的一种处理形式。请你联系所在的学校或社区，进行一个堆肥行动，并开展相关种植实验。

四、我的天地　　（日志、绘本、照片、手抄报等）

撰稿：陈宏程　侯朝炜

6 湿地之"灵"——水体中的微型生物

 聚焦问题

　　湿地中生存着形形色色的生物，是一个自然和谐的大家庭。在我们身边，湿地扮演着重要角色，南海子是一个代表。湿地中的一滴水中有生物吗？它们在这个水世界中扮演什么角色呢？

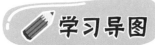 **学习导图**

 课标要求 说明单细胞生物可以独立完成生命活动。

 核心素养 调节和平衡的关系，保护生态环境。

湿地生物

浮游生物
奥林匹克森林公园

微型生物
南海子麋鹿苑湿地

狸藻
野鸭湖湿地公园

寻找证据

🏛 探究地点

南海子麋鹿苑湿地。

📋 展品信息

淡水微型生物包括细菌、放线菌、真菌、蓝细菌、藻类、原生动物、轮虫、节肢动物（枝角类、桡足类）八大类。

可以按细胞的个数分为单细胞生物和多细胞生物两类。

> 微型生物是淡水中普遍存在的一类生物，在整个水生态系统中占有非常重要的地位。很多微型生物能够指示水质状况和水体的营养程度，可以作为污水处理系统运行状况的指示生物，用于评价污水的处理效果。

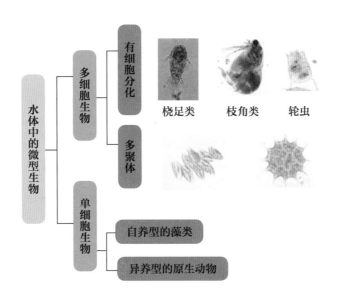

从生态学上划分，可把水中微型生物分为浮游植物和浮游动物。

浮游植物是指在水中以浮游生活的微小植物，通常指浮游藻类，包括蓝藻门、绿藻门、硅藻门、金藻门、黄藻门、甲藻门、隐藻门和裸藻门八个门类的浮游种类，已知全世界藻类植物约有40000种，其中淡水藻类有25000种左右，而中国已发现的（包括已报道的和已鉴定但未报道的）淡水藻类约9000种。

浮游动物是指悬浮于水中的水生动物，它们没有游泳能力或游泳能力很弱，不能做远距离移动也不足以抵拒水的流动力，身体微小，要借助显微镜才能观察到。主要包括原生动物、轮虫、枝角类和桡足类，以及一些昆虫的幼虫（如蚊子的幼虫孑孓）等。

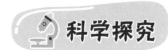

思 考 讨 论

1. 对比观察水中的浮游植物和浮游动物，记录它们是单细胞的还是多细胞的，有没有叶绿体，是如何运动的？

2. 湿地微型生物在整个水生态系统中有什么重要的作用？

科学探究

调查南海子湿地的浮游动物

湿地中微小生物主要包括菌类、藻类和浮游动物等，湿地中的浮游动物广泛生长在有机质丰富的水体、沼泽、海洋等地。它们虽然体型微小，难以观察，但却与人类关系密切。浮游动物因其存在范围广、易采集且对污染敏感，故被广泛用来指示湿地生态系统的营养状况和污染程度。

浮游动物是一类异养型的浮游生物，也就是不能自己制造有机物，必须依赖已有的有机物作为营养来源。

多数浮游动物属于终生浮游生物（真性浮游生物），另外部分浮游动物属于季节浮游生物（阶段浮游生物），主要包括鱼卵、鱼的幼体和许多底栖无脊椎动物的幼体等。

一、实验试剂及工具

甲醛溶液40%、采水器5000毫升、浮游生物网13号（由孔径0.112毫米纱绢制成）、水样瓶（矿泉水瓶子）、样品瓶（带有100毫升或150毫升刻度的玻璃试剂瓶）、离心机、洗耳球、移液枪（20～200微升）、计数框0.05毫升、盖玻片。

采水器

浮游生物网

圆柱形沉淀器

透明度盘

二、实验步骤

1．采样：选择5个特定的区域作为采样点，关闭13号浮游生物网的网口，使用5000毫升采水器采水5次（用浮游生物网过滤），第6次采水用于冲洗过滤网使浮游动物全部收集到水样瓶中。

主要有两种采样方法：网具、采集水样沉淀。

2．固定：在水样中加入10毫升甲醛。

3．沉淀：用3000转/分钟离心机做5分钟离心运动。

4．稀释：将离心后的上层清液弃去，沉淀物移入样品瓶中，稀释到100毫升。

5．观察方法：直接现场观察和显微镜观察。

直接现场观察：利用特殊仪器和设备（斯库巴潜水）在水中直接观察。

显微镜观察计数：用移液枪移取50微升样品，移入计数框，盖上盖玻片，在显微镜4～40倍下进行观察并计数n。

6．计算：每升水中浮游动物的数量。

密度=（n×100）/（0.05×30）只/升

三、水样保存

1升水样加15毫升鲁戈氏液，沉淀浓缩，可当时观察，也可保存1年。

长期保存时，可在每100毫升水样中加入4毫升甲醛溶液。

（鲁戈氏液的配制：称取6克碘化钾溶于10～20毫升水中，待其完全溶解后，加入4克碘充分摇动，待碘完全溶解后定容到100毫升，即得到鲁戈氏液。）

科普阅读

一滴水中的微生物

每年的3月22日是"世界水日"，看似清澈透明的一滴水，里面却是热闹非凡，存在着一个微观的世界。

一滴水中到底有多少奇妙的生命呢？假设我们能够让微生物首尾相接、一字排开、在展平为"水饼"的一滴水中列队，那么，草履虫能放33只，蓝藻可以排2500个，大肠杆菌可以码5000个，病毒的承载量至少是3.3万个……

一滴水中有多少微生物呢？水体和微生物的种类不同，答案也不同。科学家曾做过实验，在百慕大海域的海洋表面取出的一滴水中，一种叫"噬菌体病毒"的微生物数量多达100万个。而同样是这片海，在一滴深海海水中，噬菌体病毒的数量几乎为零。如果从微生物的种类上来考虑，最丰富的集散地莫过于池塘了。在一滴池塘水中，你可能同时发现轮虫、绿藻、草履虫、细菌和病毒……微生物能极快地繁殖，如果不是环境和食物的扼制，一个细菌在24小时内产生的后代总量会相当于4个地球的重量。因此，这个看不见的世界对于我们的生活也有着举足轻重的影响。

水是所有生命存在的必需要素，当一滴水干涸，水滴中这些奇妙的微小生命也将随之消逝。同样，当地球上的水体遭遇灾难，我们人类和地球上的所有生命也将危在旦夕。爱护地球，让我们从爱护一滴水开始！

触类旁通

水华和赤潮

水华是淡水中的一种自然生态现象，是由藻类引起的，如蓝藻（严格意义上应称为蓝细菌）、绿藻、硅藻等，也就是水的富营养化。水华发生时，水一般呈蓝色或绿色。

当藻类大量生长时，这些藻类能释放出毒素——湖靛，对鱼类有毒杀作用。藻类大量死亡后，在腐败、被分解的过程中，也要消耗水中大量的溶解氧，使水体严重恶臭。而造成水华现象的出现，主要原因还是水域沿线大量施用化肥、居民生活污水和工业废水大量排入江河湖泊，致使江河湖泊中氮、磷、钾等含量上升。此外，适宜的气温和日照、水体流动过缓，这些均为蓝藻的生长和迅速繁殖提供了条件。

赤潮又称红潮，国际上也称其为"有害藻类"或"红色幽灵"。赤潮指在特定的环境条件下，海水中某些浮游植物、原生动物或细菌爆发性增殖或高度聚集而引起水体变色的一种有害生态现象。赤潮并不一定都是红色的，主要包括淡水系统中的水华，海洋中的一般赤潮、近几年新定义的褐潮（抑食金球藻类）和绿潮（浒苔类）等。

为了治理水华，北京动物园安装了水泵来加快水体的流动，另外还添加了具有净化水质作用的药剂，同时在水中放养了滤食性鱼类，如花鲢、草鱼、鲤鱼、白鲢，增加底栖性鱼类。在水面上种植荷花、睡莲、千屈菜、水葱、香蒲等10多种水生植物。放养的4000千克水葫芦，吸收湖水中丰富的氮与磷，减弱湖水的富营养化程度。在湖面上增加景观性喷泉，一方面改善湖水溶解氧状况，减少溶解氧分层现象；另一方面改善湖面的景观。

在你生活的附近，是否也有类似现象发生，调查一下是如何应对的？

湿地之"灵"——水体中的微型生物

湿地被称为地球之肾，其中的微型生物虽然不起眼，却是湿地生态系统中不可或缺的组成部分。

一、选一选

1. 被广泛用来指示湿地生态系统的营养状况和污染程度的微型生物是（　　）

A. 细菌　　　B. 浮游动物　　　C. 浮游植物　　　D. 病毒

2. 典型的湿地生态系统是（　　）

A. 池塘　　　B. 河流　　　C. 湖泊　　　D. 沼泽

二、比一比

龙形水系位于北京奥林匹克森林公园中心区，是亚洲最大的城区人工水系。

在龙形水系投放的浮水植物紫根水葫芦，可让微生物既有栖息地，更有良性循环快速繁殖高活力发挥功能的养分保证，还有提高水体含氧量等功能，加之自体不断分形繁殖扩大种群，形成了新的高效良性循环净污的微环境生态系统。这个系统迅速使水体变清，富营养物含量迅速降低，沉水植物为主的原生态系统有了充分的光照和适宜的富营养物浓度，就可迅速发挥功能。以浮水植物紫根水葫芦为龙头、多沉水植物为根据地，并由原生态系统为巩固的根据地，就是龙形水系能一改几年藻浊污染难治、迅速变为Ⅲ类优质水的原因。

用水葫芦治理水系的原理是什么？

开放性问题

三、想一想

《北京动物园水禽湖蓝藻水华暴发原因和对策的研究》（王雨珩、李嘉慧、王雨茜获第28届安捷伦北京市青少年科技创新大赛一等奖）通过污染源调查，对水禽湖富营养化的成因进行了分析。项目组根据水禽湖特殊的生态环境特点和水污染状况，并借鉴国内外湖泊富营养化的防治技术，提出以生物技术为主的综合整治方案。他们在认真分析试验期间的气温特征及主要水质因子的变化特征的基础上，对水禽湖富营养化综合整治的效果进行了分析和评价，尤其是对喷泉的增氧效果进行了深入的研究。以上结果表明，这一综合整治措施在改善水质、增进动物健康及美化园林景观方面均取得了良好的效果。

习近平总书记提出"绿水青山就是金山银山"的口号，请你结合所学知识，对生活区附近湿地进行调查和研究，写出研究报告。

四、我的天地　（日志、绘本、照片、手抄报等）

撰稿：陈宏程　侯朝炜

7 鸿雁

聚焦问题

"鸿雁天空上，对对排成行……鸿雁向南方，飞过芦苇荡，天苍茫，雁何往，心中是北方家乡"。歌曲《鸿雁》，描述的是鸿雁秋季南飞的迁徙行为。它们为什么要迁徙，靠什么导航呢？

学习导图

课标要求	核心素养
区别动物的先天性行为和学习行为。	结构与功能观，生命观念和社会责任。

鸟的迁徙

鸟的形态
北京动物园水禽园

鸿雁生活习性
南海子麋鹿苑湿地

鸟的迁徙
麋鹿苑活动广场

🔍 寻找证据

🏛 探究地点

1. 麋鹿苑湿地观鸟台

2. 鸟的迁徙活动广场

写有鸟类迁徙路线的地球仪　　　　　刻有鸟类迁徙知识的石凳　　　　　体验活动的鸟笼

📋 展品信息

　　在麋鹿苑湿地公园内，一年四季可以看到鸿雁、鸳鸯、绿头鸭、灰鹤、小天鹅等多种鸟类，由于湿地公园内栖息环境良好，管理人员持续在冬季定期投喂给予稳定的食物，这些原本冬季迁徙的鸟中有一部分放弃迁徙，常年留居于麋鹿苑内生长、发育并繁殖后代。由于鸿雁个体较大，种群数量多，姿态优雅，出双入对，再加上中国传统文化中赋予了很多美好寓意，所以总会吸引大批游人驻足观赏和拍照。

　　鸿雁，拉丁名*Anser cygnoides*，英文名Swan Goose，属于脊索动物门、鸟纲、雁形目、鸭科、雁属、鸿雁。中国雁形目鸟类45种，其中大雁有10种，包括：鸿雁、豆雁、灰雁、斑头雁、雪雁、加拿大雁、黑雁、白额雁、小白额雁、红胸黑雁。后3种雁为国家二级保护动物。

雁为水禽中的游禽，能游善飞，种类繁多，常成对营巢繁殖。巢多筑在草原湖泊岸边沼泽地上或芦苇丛中，亦有在靠近山地的河流岸边营巢的。营巢的地方通常植物茂密，相对偏僻，雌鸟单独孵卵，雄鸟通常守候在巢附近警戒。如有入侵者，它们常常伪装成跛脚或一只翅膀塌下，装成受伤的样子将入侵者从巢附近引诱开，然后又偷偷回到巢前，卵孵化期28～30天。雏鸟孵出后，由双亲带领着游水，或在湖边沙滩和草地上休息和觅食。发现危险，双亲中一只发出惊叫，同时护送小鸟隐蔽于附近草丛中或游至远处。幼鸟2～3年性成熟。在每年6月中下旬至7月中旬，成鸟换羽期开始后离开幼鸟，集中在湖泊、海滨、河岸等人迹罕至之处。换羽时飞羽几乎同时脱下，在一定时间内丧失飞翔能力。

思 考 讨 论

1. 观察湿地内的鸿雁、鸳鸯、绿头鸭、天鹅等，说说它们的生活环境、生活习性、形态结构等方面有什么特点。

2. 阅读鸟类迁徙的相关知识，参与鸟类被关在笼子里的体验活动，说说在爱鸟护鸟方面可以做些什么工作。

科学探究

科研工作者每周都会对在麋鹿苑活动的鸟类进行观察和记录，以及数量估算，下表摘选几个月份的种类记录。

时间	适宜观鸟的品种
2016.4	麻雀、喜鹊、灰喜鹊、灰椋鸟、白头鹎、家燕、白鹡鸰、白腰草鹬、苍鹭、白鹭、珠颈斑鸠、灰斑鸠、大斑啄木鸟、灰头绿啄木鸟、戴胜、普通翠鸟、红隼、普通鵟、雀鹰、绿头鸭、斑嘴鸭、绿翅鸭、琵嘴鸭、鸳鸯、小䴙䴘、鸿雁、大嘴乌鸦、小嘴乌鸦、红尾鸫、北红尾鸲、红胁蓝尾鸲、中华攀雀、柳莺、金眶鸻
2016.6	麻雀、喜鹊、灰喜鹊、灰椋鸟、白头鹎、家燕、白鹡鸰、白腰草鹬、苍鹭、草鹭、池鹭、白鹭、珠颈斑鸠、灰斑鸠、大斑啄木鸟、灰头绿啄木鸟、戴胜、普通翠鸟、红隼、普通鵟、雀鹰、绿头鸭、斑嘴鸭、绿翅鸭、鸳鸯、小䴙䴘、鸿雁、大嘴乌鸦、小嘴乌鸦、红尾鸫、乌鸫、北红尾鸲、红胁蓝尾鸲、柳莺、金眶鸻、苇鹀、红喉姬鹟、树鹨、黑卷尾、黑喉石鹏、白眉鸫、雨燕、金腰燕、扇尾沙锥

（续表）

时间	适宜观鸟的品种
2016.8	麻雀、喜鹊、灰喜鹊、灰椋鸟、白头鹎、家燕、雨燕、白腰草鹬、苍鹭、夜鹭、池鹭、白鹭、大白鹭、珠颈斑鸠、灰斑鸠、大斑啄木鸟、灰头绿啄木鸟、戴胜、普通翠鸟、红隼、绿头鸭、斑嘴鸭、鸳鸯、小鹛鹛、鸿雁、东方大苇莺、大嘴乌鸦、小嘴乌鸦、八哥、黑水鸡、黄斑苇鳽、白鹡鸰、金眶鸻、乌鸫
2016.10	麻雀、喜鹊、灰喜鹊、灰椋鸟、白头鹎、家燕、白腰草鹬、苍鹭、白鹭、池鹭、珠颈斑鸠、灰斑鸠、大斑啄木鸟、灰头绿啄木鸟、戴胜、普通翠鸟、红隼、普通鵟、绿头鸭、斑嘴鸭、绿翅鸭、鸳鸯、小鹛鹛、鸿雁、乌鸫、大嘴乌鸦、小嘴乌鸦、八哥、黑水鸡、白鹡鸰、黄鹡鸰、红喉姬鹟、黑喉石䳭、麻雀、柳莺
2016.12	麻雀、喜鹊、灰喜鹊、灰椋鸟、白头鹎、白腰草鹬、苍鹭、白鹭、珠颈斑鸠、灰斑鸠、大斑啄木鸟、灰头绿啄木鸟、星头啄木鸟、戴胜、普通翠鸟、红隼、普通鵟、绿头鸭、斑嘴鸭、绿翅鸭、鸳鸯、鸿雁、达乌里寒鸦、大嘴乌鸦、小嘴乌鸦、八哥、小鹀、斑鸫、金翅雀、鸤鹛、燕雀、大山雀
2018.2	麻雀、喜鹊、灰喜鹊、灰椋鸟、达乌里寒鸦、苍鹭、灰斑鸠、大斑啄木鸟、戴胜、绿头鸭、斑嘴鸭、赤麻鸭、赤膀鸭、鸳鸯、鸿雁、大嘴乌鸦、小嘴乌鸦、八哥、金翅雀、普通鸤鹛、沼泽山雀、黄喉鹀、灰雁、黄腰柳莺、白秋沙鸭、红尾鸫、罗纹鸭、普通翠鸟、戴菊、雉鸡、红胁蓝尾鸲、白腰草鹬、小鹛鹛、长耳鸮、树鹨、白鹡鸰 **饲养禽类：** 白天鹅、黑天鹅、鸿雁、东方白鹳、灰鹤、孔雀、鸤鹛

请你仔细观察对比不同月份出现的鸟类，进行初步判断。

留鸟：_____

_____

_____

冬候鸟：_____

_____

_____

夏候鸟：_____

_____

_____

旅鸟：_____

_____

_____

科普阅读

迁徙是指动物有规律地进行一定距离移动（迁居）的习性，例如，鸟类的迁徙、鱼类的洄游、高山兽类的垂直移动、昆虫的迁移等。鸟类迁徙通常是指在每年的春季和秋季，鸟类在越冬地和繁殖地之间定期、定向的飞迁习性。大多数迁徙鸟类在低纬度地区越冬，在高纬度地区繁殖，但是有些鸟类在同样纬度的东西半球之间迁徙。没有确定方向的迁徙称为扩散迁徙。有些山区鸟类的种群地理分布不随迁徙发生变化，称为垂直迁徙。迁徙是自然选择的结果，使鸟类能够在不同时间和地点利用不同的资源，从而提高了存活率、繁殖率和总的适应度。

根据是否迁徙和迁徙习性的不同，鸟类学家把鸟分为留鸟、候鸟和迷鸟。

留鸟（resident）：留鸟指终年栖息于同一地区，不进行远距离迁徙的鸟类，如喜鹊、麻雀等。有些留鸟繁殖后离开生殖区，在其种的分布区域内迁移，无定居性，无方向性，主要是追随食物而转移，直到春季才回到生殖区，这样的留鸟又叫做漂鸟（wandering bird），如煤山雀、普通䴓等。

候鸟（migrant）：候鸟指在春秋两季沿着比较稳定的路线，在繁殖区和越冬区之间进行迁徙的鸟类，如雁、家燕等大多数鸟类。根据候鸟在某一地区的旅居情况，又可分为以下类型。

（1）夏候鸟（summer resident）：夏季在某一地区繁殖，秋季离开到南方较温暖地区过冬，翌春又返回这一地区繁殖的候鸟，就该地区而言，称夏候鸟。如杜鹃、家燕等为我国的夏候鸟。

（2）冬候鸟（winter resident）：冬季在某一地区越冬，翌年春季飞往北方繁殖，至秋季又飞临这一地区越冬的鸟，就该地区而言，称冬候鸟。如黑雁、花脸鸭和太平鸟等为我国的冬候鸟。

（3）旅鸟（traveler或migrant）：候鸟迁徙时，途中经过某一地区，不在此地区繁殖或越冬，这些种类就为该地区的旅鸟。如旅经我国华北等地的黄胸鹀、一些鹬鹬类等。

迷鸟（straggler bird）：迷鸟指在迁徙过程中，由于狂风或其他气候因子骤变，使其飘离通常的迁徙路径或栖息地偶然到异地的鸟。例如，埃及雁偶见于北京。

我国地域辽阔，自然环境条件复杂多样，为鸟类生存提供了不同类型的栖息环境。鸟类学家通过鸟类环志、雷达、卫星追踪、无线电遥测等技术，掌握鸟类的迁徙路线、方式、时间、距离等，已经发现在1371种鸟中，半数以上都由迁徙行为。

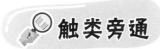

鸟类迁徙的定向和导航机制

许多候鸟在自然条件下，可以准确地返回前一年占据过的繁殖地和越冬地。例如，鸳鸯繁殖期在树洞营巢，到9月份，雌鸟和雏鸟一起迁往南方，到第二年春天雌鸟仍能找到原来的树洞繁殖。将一些鸟类从其原栖息地移到远方的实验，也证明了鸟类有很强的定向能力。鸟类主要利用以下方式进行导航：地磁场定向、太阳定向、星辰定向、陆标定向、嗅觉定向、听觉定向等。

1969年，基顿（Keeton）以人工控制明暗的方法将信鸽的生物钟向前调节6小时，即信鸽所认为的黎明实际上是午夜，然后将受试信鸽在晴天放到离巢30～80千米的东、西、南、北四个方向，再使其归巢，结果发现信鸽的定向发生了90°的偏移。可是当在阴天释放实验信鸽时，则"钟转变"的个体仍然能正常返巢。这表明信鸽在晴天是以太阳定向的，而在阴天一定还具有另一套定向机制。

1972年，基顿对笼外信鸽飞行进行了研究，在信鸽头部加上一块小磁铁，发现信鸽在晴天仍能正常定向，但在阴天则发生定向错误。1974年，沃尔科特·格林（Walcott Green）又做了更深入的实验。他用一对线圈在信鸽头上加上具有特定方向的磁场，结果信鸽在阴天放飞后的飞行方向随着磁极的改变而产生180°的改变。这一系列的实验说明，鸟类迁徙可以通过地球磁场定向。至少对鸽子来说，太阳定向在晴天作为首选定向机制，而当阴天太阳定向不能起作用时，磁定向作为候补定向机制起作用。

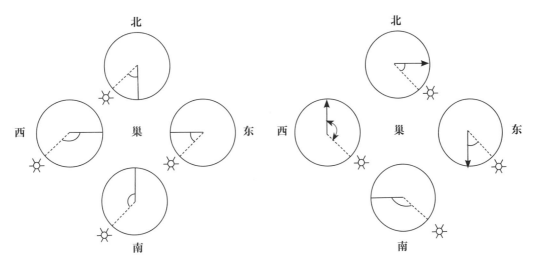

A. 在自然条件下，信鸽能够根据太阳位置定向并正常归巢

B. 将信鸽生物钟向前调节6小时，信鸽根据太阳位置进行定向，发生了90°的偏移

信鸽归巢定向实验

鸿雁

走进麋鹿苑，用望远镜拉近你和鸟儿的距离，静静感受它们的优雅与娴静，聆听它们呼朋引伴，观看它们追逐嬉戏雀跃与欢腾。

一、选一选

1. 《吕氏春秋》有"九月候雁来宾"的记载。晴空万里，雁字成行。秋季南来，春天北往。它们合群、守时、有序，给人以对远方亲友久别重逢的期待和寄托。鸿雁是一种＿＿＿＿鸟，从行为的获得途径来看，是一种＿＿＿＿行为（　　）

　A. 候鸟，先天性行为　　　B. 留鸟，先天性行为

　C. 候鸟，学习行为　　　　D. 留鸟，学习行为

2. 飞蝗、红鲑、北极燕鸥、斑马等很多种动物都有迁徙现象，它们的迁移路线和方式有所不同。岩羊是我国二级保护野生动物，分布于青藏高原、四川西部等地，冬季生活在大约海拔2400米处，春夏季栖息于海拔3500~6000米。三江源国家公园长江源区的摄影队员曾拍摄到岩羊大规模迁徙的画面，一群岩羊在海拔5000多米的山坡上快速移动，奋力冲上山顶，向大山的另一侧迁徙。请判断下列哪种描述符合岩羊的迁徙方式。（　　）

　A. 漂泊游荡　　　B. 种群扩散　　　C. 水平迁移　　　D. 垂直迁移

二、答一答

1. 一般鸟类的雌、雄、雏、幼体在形体大小、羽色等方面都会有一些差异，麋鹿苑湿地有鸳鸯、绿头鸭、黑天鹅、鸿雁等很多鸟类，请你选取一二种，观察并描述它们的特征。

2．大雁是雁属鸟类的通称，中国常见的有鸿雁、豆雁、白额雁、灰雁。北京动物园还能见到斑头雁，仔细观察，说说你怎么区分出它们。

| 鸿雁 | 豆雁 | 白额雁 | 灰雁 | 斑头雁 |

开放性问题

三、看一看

湿地中的鸟，主要有两大生态类群：游禽和涉禽。游禽主要特征为脚趾间有蹼，善于游泳和潜水。尾脂发达，能分泌大量油脂涂抹于全身羽毛，以保护羽衣不被水浸湿。嘴形或扁或尖，适于在水中滤食或啄鱼。涉禽外形具有"三长"特征，即喙（嘴）长、颈长、后肢（腿和脚）长，适于涉水生活，因为其腿长可以在较深水处捕食和活动。它们趾间的蹼膜往往退化，因此不会游水。把你观察到的鸟做个记录和归类。

1．游禽（如绿头鸭、鸳鸯、鸿雁）：

2．涉禽（如东方白鹳、灰鹤、长脚鹬）：

四、我的天地　　（日志、绘本、照片、手抄报等）

撰稿：李自莲　宋　苑　侯朝炜

鹿类大观

 聚焦问题

进到南海子麋鹿苑博物馆时，首先映入眼帘的就是这几只鹿的雕塑，它们个头大小差异悬殊，长着奇形怪状的鹿角，威风凛凛的样子。那么，鹿有哪些种类？不同种鹿的鹿角有什么特点和规律呢？

✏ **学习导图**

课标要求 尝试根据一定的特征对生物进行分类。

核心素养 结构与功能观、进化与适应观。

鹿类大观

鹿角探秘
北京自然博物馆

鹿类大观
南海子麋鹿苑博物馆

麋鹿
南海子麋鹿苑湿地

🔍 寻找证据

🏛 探究地点

南海子麋鹿苑博物馆。

📋 展品信息

1. 鹿类大观

通过标本、图片、文字资料，展示了鹿的起源、进化、种类、分布、生态、习性及鹿与人类的关系。

鹿类动物属于哺乳纲、偶蹄目、反刍亚目，包括鹿科和麝科两大类。远古，鹿作为人类重要的食物来源之一，果腹、御寒。鹿以它勃发的生机、神秘的行踪和优美的体态，赢得人们的喜爱，甚至追逐、崇拜。全球鹿类约有50种，而东亚特别是中国是世界鹿类的起源中心。中国幅员辽阔，拥有高原、森林、湿地等多种生态类型，是鹿类动物的发源地和演化中心之一，是鹿的种类最丰富的国家。从体形巨大的驼鹿、马鹿，到身材娇小的麂、獐、麝等，中国现存的鹿类动物共有20余种，分布于全国各地，种类数量占世界鹿类的40%以上。麝类、麂类和獐等小型鹿类绝大部分产于中国，而麋鹿、白唇鹿等还是中国的特有物种。

2. 鹿角探秘

多数的鹿类都长角，大部分长角的鹿为公鹿，仅有驯鹿为雌雄鹿都长角。当鹿角刚刚长出的时候，它们看起来就像是鹿的头上隆起的两个包。正在生长的鹿角中有着丰富的血管和神经，主要由软骨构成，鹿角表面上还覆盖着一层长着茸毛的皮肤。这个阶段的鹿角一般被叫作"鹿茸"。鹿角的生长速度很快，从开始生长到长成只需要三个多月的时间。长成的鹿角将会骨化变硬，其中的血管和神经萎缩。这时，鹿会蹭去鹿角外边的茸皮，坚硬锋利的鹿角便形成了。随着鹿类年龄的增加，它们每年生长出的鹿角的体积会逐渐增加，结构也越来越复杂。

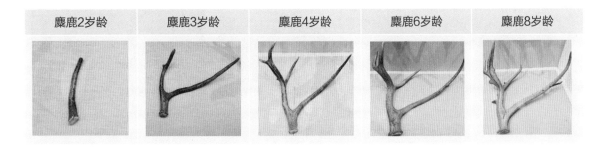

| 麋鹿2岁龄 | 麋鹿3岁龄 | 麋鹿4岁龄 | 麋鹿6岁龄 | 麋鹿8岁龄 |

雌马鹿和幼马鹿无角	成年雄马鹿树枝状角	黇（tian）鹿掌状角	驯鹿角（左雄右雌）

思 考 讨 论

给圣诞老人拉雪橇的是哪种鹿？请查阅资料，了解它所处的分类地位、地理分布范围、形态特征和生活习性等。

科学探究

湿地精灵——麋鹿

"南苑秋风里，应有鹿鸣来"，麋鹿夏季求偶交配，雌鹿春季生产。在繁殖季节，麋鹿会有一系列特殊的行为，如吼叫、角饰、往身上涂抹泥巴等。

实地观察麋鹿的形态结构、生活环境与生活习性。

喜上眉梢——雌鹿无角	羞怯懵懂——幼鹿无角	舐犊情深——胎生哺乳
顽皮少年——鹿角已长	沉鱼落雁——成年雄鹿	乘风破浪——雄鹿涉水

武功对决——比武招亲	窃窃私语——同伴交流	装扮炫耀——雄鹿求偶

思 考 讨 论

麋鹿俗称"四不像",它都像什么动物?通过观察,分析麋鹿在形态结构上有哪些特点适于湿地生活。

📖 科普阅读

鹿的皮毛:作为恒温哺乳动物,鹿类的身体表面覆盖着皮毛。皮毛除了具有保持体温的作用,它的不同色泽还能反映出鹿类对环境的适应能力。鹿类的祖先是生活在森林中的小型动物,长着带有斑点的皮毛有利于它们在树影斑驳的环境中隐蔽。经过不断进化,鹿类分布到了不同的环境中。许多种类的成体体表已经不再有斑点,但在刚出生的小鹿身上,大多还保留着它们祖先的这一特征。除了生活在热带的种类,其他的鹿类都要经历四季温度的变化,它们通过周期性更换"夏毛"和"冬毛"的方式适应环境。这两种皮毛不仅在保暖性能方面存在差异,颜色也往往不同。

麋鹿的齿:麋鹿的牙齿珐琅质较少,适于吃偏嫩的草本植物,而下颌中门齿发达,是适应采食沼泽植物和水生植物的结果,也和古籍中描述的"掘食草根,其处成泥"的习性完全一致。

麋鹿的乳:麋鹿乳汁的能量较低,也是为了适应温暖的生活环境。

麋鹿的蹄:宽大而能分开,这种结构施加于地面的压强较小,是与湿地沼泽生活环境密切相关的。

麋鹿的尾:麋鹿的尾巴是鹿科动物中最长的,在蚊子、苍蝇多的湿地环境中,它是很好的驱虫工具。

麋鹿的游泳能力：麋鹿是鹿类动物中的游泳健将。

鹿的消化：鹿是草食动物，它们能够比较广泛地利用各种植物，尤其喜欢食用树木的嫩枝、嫩叶、嫩芽、果实、种子，还有草类、地衣、苔藓和植物的花、果以及各种菜蔬类植物。鹿对食物的质量要求较高，采食植物具有选择性。鲜嫩柔软的枝、芽、叶是其主要的采食对象。只有在食物相对匮乏的时候，它们才会采食植物的茎等粗糙部分。与其他食草动物一样，为了躲避大型食肉动物的追击，获取更多的生存机会，鹿类动物的消化系统功能发达。它们可以在相对安全的环境下，把大量植物迅速吞下，等藏匿到较安全的地方后再把没有充分咀嚼的食物重新咀嚼。这种将食物从胃内逆呕，重新回到口腔的过程称作"反刍"。鹿的胃与多数反刍动物的胃一样，分为四个室，分别是瘤胃、网胃（蜂巢胃）、瓣胃和皱胃。前三个部分的胃主要起贮存食物和发酵、分解粗纤维的作用，通常称为"前胃"。皱胃的黏膜内有消化腺，可以分泌消化液，因此被称为"真胃"。食肉动物的盲肠不发达，杂食动物的盲肠发达，食草动物的盲肠特别发达。

有名无实的"鹿"：虽然长颈鹿和鼷鹿的名字里都有"鹿"字，但实际上他们并不是鹿类动物。长颈鹿属于长颈鹿科，分布于非洲，是鹿类的"表亲"。鼷鹿属于鼷鹿科，有多个种，分布于亚洲、非洲的丛林中。因为鼷鹿的外形近似鹿类的祖先——古鼷鹿，因此经常与鹿类动物一起被介绍。

不被称为"鹿"的鹿：麝类、麂类、狍子、牙獐，虽然它们的名字里没有"鹿"字，但它们都是分布在中国的小型鹿类。

🔍 触类旁通

不同种类的鹿角形态各异，一般分为树枝状和掌状两大类。毛冠鹿、短角鹿、普度鹿等一些小型鹿类一生只长不分叉的小鹿角。大多数鹿类动物只有雄性长角，生活于北极地区的驯鹿是唯一一种雌雄都长角的鹿。而麝类和獐则是雌、雄都不长角的鹿类。

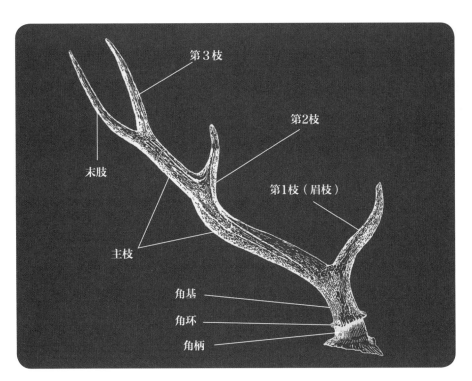

鹿角各个部位的名称

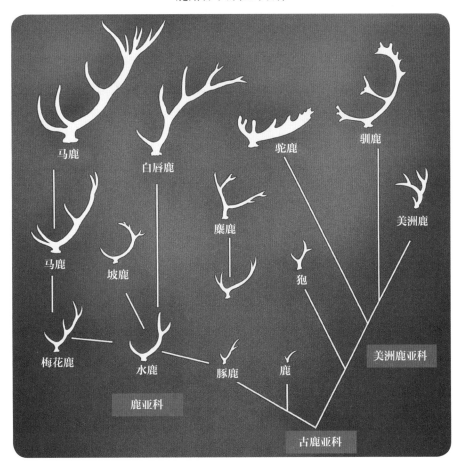

鹿类动物角枝演化图

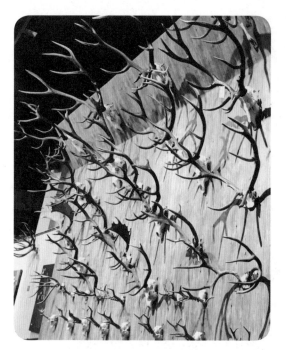

各种种类的鹿角

鹿角主要用于与同类的争斗。在发情季节，雄鹿昂首阔步，炫耀着鹿角，并利用角来威吓对手，同时吸引雌鹿的注意。通常情况下两头以角争斗的雄鹿都不会受到严重的伤害，但只有获胜的一方能获得与雌鹿交配的权利。

对于雄鹿而言，争夺配偶权非常重要。为此，它们生长出适合争斗的鹿角，并在发情期利用这一"武器"与竞争者战斗。尽管这一行为会导致一些鹿的死亡，但对胜利的一方来说，能够和更多雌鹿交配，是让自己的基因传递下去的最直接方式。一些雄鹿还会在发情期用植物装饰自己的角，以此来显示自己的雄壮，吸引雌鹿。与雄鹿不同，雌鹿延续自己基因传递的方式就是精心地哺育下一代。为了提高后代的存活率，它们会挑选最强壮的雄鹿进行交配。雌性马鹿会通过与雄性马鹿类似的角斗来确定等级地位，胜利的雌性马鹿将有权占据更好的进食地点，以确保生产出强壮的后代。在小鹿诞生后，驼鹿妈妈为了避免小驼鹿被狼或熊捕食，会选择生活在人类生活区的附近。当遇到捕食者时，它们还会用后肢重击敌人，保护自己的孩子。

鹿类大观

选择题

一、选一选

1. 在麋鹿苑的麋鹿博物馆和北京自然博物馆的"鹿角大观"展厅，都能看到一幅鹿类进化系统图。根据图和资料，判断下列选项中哪种与麋鹿亲缘关系最近。（ ）

    A. 长颈鹿   B. 獐鹿   C. 美洲鹿   D. 大角鹿

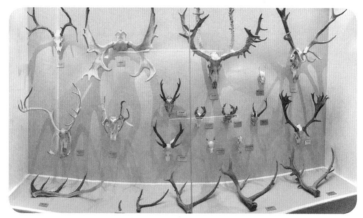

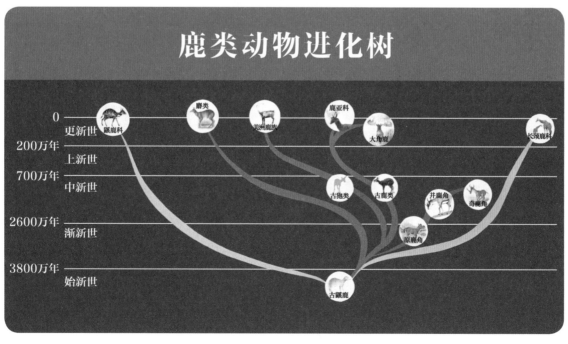

2. 鹿类动物隶属于动物界、脊索动物门、哺乳纲、偶蹄目之下的鹿科和麝科。全世界共有鹿类动物约50种。有的鹿类动物名字中并不带鹿字，有的名字中有"鹿"字但不是鹿类，找出下列选项中哪个不是鹿类动物。（　　　）

A. 长颈鹿　　　　B. 梅花鹿　　　　C. 狍子　　　　D. 河麂

3. 动物的牙齿与它的食性是相适应的。观察下列动物牙齿，找出它的特征选项，把序号填在图下表格里。

A. 无犬齿，臼齿发达，齿冠面平，适合研磨粗糙的植物纤维。

B. 有犬齿，臼齿发达，便于应对不同种类的食物。

C. 犬齿发达，臼齿不发达，齿冠面尖，有利于撕咬猎物，切割韧性食物。

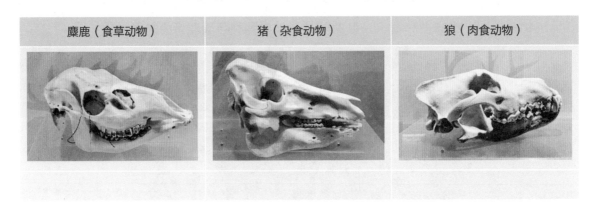

麋鹿（食草动物）	猪（杂食动物）	狼（肉食动物）

4. 鹿角的形状多种多样，仔细观察却有一定的特征，麋鹿的角是向后弯曲生长的，而且是唯一一种可以倒过来放置的，并呈三足鼎立形状。从下列四个图中判断哪个是麋鹿角。（　　　）

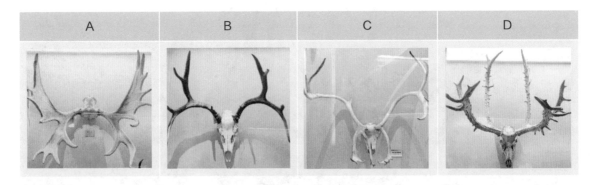

非选择题

二、比一比

鹿角和牛角、羊角是不同的。鹿角基本上每年生长一次，脱落一次。而牛角、羊角终生生长，且不脱换。请参观展厅或查阅资料，说说以下动物的角有什么不同。

鹿角	羊角	牛角	犀牛角	叉角羚角

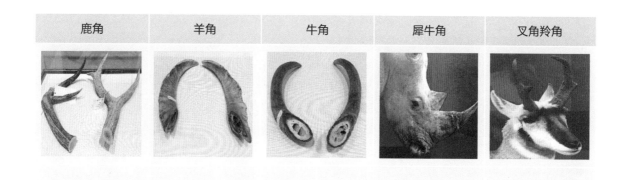

开放性问题

三、想一想

中国鹿文化与麋鹿文化源远流长，麋鹿的艺术价值、药用价值也在我国古代典籍《兽经》中曾记载"鹿遇食皆鸣，相召亦不忌"，描写的便是鹿在找到食物时相互告知、无私分享的高尚品德。古时"鹿如神农尝百草，而后人才敢取食"的说法也体现了鹿在人类眼中具有"仁德"的优秀品质。鹿类作为古人的狩猎对象和崇拜图腾，象征着吉祥与和谐。然而，随着人类社会的发展，它们的生存状况日益窘迫。许多鹿类走向了灭绝的边缘，有一些甚至在地球上永远地消失了。面对这些目光祥和、头上长角的可爱生灵，我们应当重新审视自己，更好地处理人与鹿类、人与自然的关系。麋鹿苑在鹿类文化传承、科普教育和麋鹿的生态保护方面做了很多工作。通过参观和学习，你学到了什么科学知识和传统文化知识，请谈一谈在保护自然方面，你能做些什么具体事情。

四、我的天地 （日志、绘本、照片、手抄报等）

撰稿：李自莲　宋　苑　侯朝炜

137

9 美丽蓝孔雀

🔍 **聚焦问题**

南海子麋鹿苑养殖了很多蓝孔雀。去那里参观游览，经常会看到孔雀开屏，华丽的羽毛令人赏心悦目。若是在3—8月，甚至能看到多只孔雀同时开屏。它们是在向游人炫耀还是在招引雌性呢？我们一起去南海子麋鹿苑观察蓝孔雀，并探究鸟的繁殖行为吧。

✏️ **学习导图**

课标要求 举例说出鸟的繁殖行为，保护生物多样性的重要意义。

核心·素养 结构与功能观，自然观和世界观，社会责任。

雉类多样性

雉类多样性
北京动物园

蓝孔雀
南海子麋鹿苑

鸟的发育
中国农业博物馆

🔍 寻找证据

🏛 探究地点

南海子麋鹿苑。

🏷 展品信息

　　蓝孔雀（拉丁名：*Pavo cristatus*）：鸟纲、鸡形目、雉科、孔雀属，体长90～230厘米，翼展130～160厘米，体重4～6千克。雄鸟有直立的枕冠，尾上覆羽特别延长，远超过尾羽。20枚尾羽，长而稍呈凸尾状；尾下覆羽为绒羽状；两翅稍圆，第1枚初级飞羽比第10枚短，第5枚最长；跗跖长而强，雄鸟有距。不善远距离飞翔，双腿十分强健，善于奔跑。性机警。鸣叫声非常洪亮。吃野果、草籽、芽苗和昆虫、蜥蜴等小动物。集群性强：在野生或家养条件下，自然选择配偶，即一雄多雌，家庭式活动，在一定活动范围内，集体采食与栖息，极少个别活动。杂食性：以植物性饲料为主，也吃蝗虫、蟋蟀、蛾、白蚁、蛙、蜥蜴等动物。蓝孔雀的繁殖期有强烈的季节性，一般在3—8月。发情与求偶：成年的雄孔雀常追逐雌孔雀，并将华丽夺目的舵羽上的覆羽通过皮肌的收缩，高举展开如扇状，俗称"开屏"，不断抖动，沙沙作响，并可多次开屏，每次长达5～7分钟之久，翎羽上的眼状斑反射着光彩。在群养情况下，为争配偶常引起殴斗。

思 考 讨 论

1. 孔雀的繁殖行为有哪些表现？
2. 孔雀的雄鸟、雌鸟、幼鸟从外形和颜色上有哪些明显不同之处？

科学探究

无壳鸡蛋孵小鸡

▶▶ **实验用具**

受精鸡蛋、乳酸钙、孵化器、塑料杯、保鲜膜、解剖针、小烧杯、塑料盒、酒精灯、橡皮筋、小勺、抑菌水（0.01%的苯扎氯铵溶液）等。

▶▶ **实验步骤**

1．将塑料杯烫开一个小洞，塞入脱脂棉，并倒入抑菌水。

2．把保鲜膜塑形。在保鲜膜上加入一勺乳酸钙和20毫升蒸馏水。

3．沿赤道部位剪开约三分之一，将鸡蛋完整地放入塑料膜内。

4．将保鲜膜移入塑料杯中，用胶带或皮筋固定，剪去多余部分。

5．在塑料膜上扎出12个小孔，盖上盖子或保鲜膜。

6．放置在孵化器内，保持37.6℃，约21天。观察小鸡孵化过程。

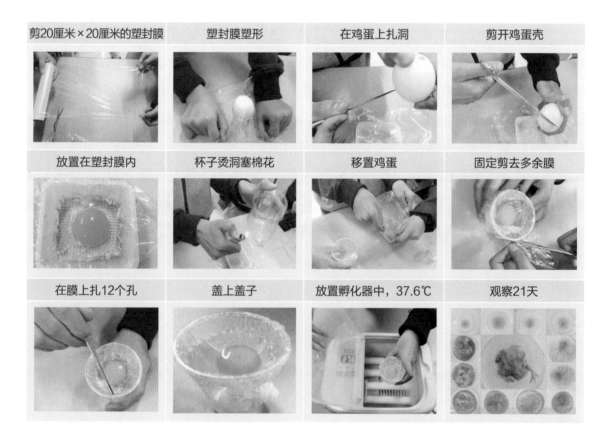

剪20厘米×20厘米的塑封膜	塑封膜塑形	在鸡蛋上扎洞	剪开鸡蛋壳
放置在塑封膜内	杯子烫洞塞棉花	移置鸡蛋	固定剪去多余膜
在膜上扎12个孔	盖上盖子	放置孵化器中，37.6℃	观察21天

思 考 讨 论

从市场买来的鸡蛋一般不能孵小鸡，为什么？观察鸡蛋的结构，分析鸡蛋孵化的条件，对未孵化的鸡蛋进行原因分析。

科普阅读

孔雀开屏是什么行为？孔雀开屏是求偶行为，属于生来就有的生殖行为，这种行为是动物本身生殖腺分泌出的性激素调节的结果。当动物生长发育到一定时期，就要繁衍后代，以延续其种族。孔雀为鸡形目雉科孔雀属鸟类，能够自然开屏的只能是雄孔雀。

孔雀开屏有什么意义呢？春天是孔雀产卵繁殖后代的季节。于是，雄孔雀就展开它那五彩缤纷、色泽艳丽的尾屏，还不停地做出各种各样优美的舞蹈动作，向雌孔雀炫耀自己的美丽，以此吸引雌孔雀，这是一种求偶行为。等它求偶成功之后，便与雌孔雀一起产卵育雏。另外，在孔雀的大尾屏上，我们可以看到五色金翠线纹，其中散布着许多近似圆形的"眼状斑"，这种斑纹从内至外是由紫、蓝、褐、黄、红等颜色组成的。一旦遇到敌人而又来不及逃避时，孔雀便突然开屏，然后抖动它"沙沙"作响，很多的眼状斑随之乱动起来，敌人畏惧于这种"多眼怪兽"，也就不贸然前进了，这样对雄孔雀来说具有保护作用。当雄孔雀受到惊吓时，也会开屏。动物学工作者认为，大红大绿的服色、游客的大声谈笑，可以刺激孔雀，引起它们的警惕戒备，这时孔雀开屏也是一种示威、防御的动作。

孔雀的种类：孔雀有绿孔雀（爪哇孔雀）、蓝孔雀（印度孔雀）之分。绿孔雀（学名：*Pavo muticus*）雄鸟体羽为翠蓝绿色，尾特长，头部冠羽竖起，颈、上背及胸部具绿色光泽，尾上覆羽特长并具闪亮眼斑而成尾屏。雌鸟无长尾，色彩不及雄鸟艳丽，下体近白色。虹膜红褐色，嘴角质色，脚暗灰色。（摘自约翰·马敬能等著《中国鸟类野外手册》）

蓝孔雀和绿孔雀有一些差异，蓝孔雀的腿、颈和翎羽较长，雌雄都有闪烁的金属光泽，叫声略低于绿孔雀。蓝孔雀缺乏鞍羽。同种异性差异很大，雄性体的颈部、胸部和腹部呈灿烂的蓝色，羽光彩熠熠，身披翠绿色，下背闪耀紫铜色光泽，覆尾羽长1米以上，可以竖起来像一把扇子一样"开屏"。雌鸟比较小，很不显眼，其身长仅约1米，重2.7~4千克。羽色主要为灰褐，无尾屏，无距。幼孔雀的羽冠簇为棕色，颈部背面为深蓝绿色，羽毛松软，有时出现棕黄色。

白孔雀和黑孔雀是蓝孔雀的两种突变形态。

触类旁通

中国雉类多样性及保护

在全球285种鸡形目鸟类中，中国有64种，在最新的系统分类研究中将鸡形目鸟类全部归入雉科。中国是世界雉类资源最丰富的国家，拥有21种特有种。全世界的5种角雉在我国都有分布，其中黄腹角雉是我国特有种。鸡形目雉科的马鸡属是中国的特有属，4种马鸡完全分布在我国，包括褐马鸡、蓝马鸡、白马鸡和藏马鸡，其中褐马鸡在北京就有分布。在雉鸡中，在全世界分布范围最广、数量最多的是环颈雉。全世界环颈雉有30个亚种，其中中国就有19个，中国是环颈雉的原产地，也是遗传多样性最丰富、类群最多的国家。

中国也是世界上珍稀濒危雉类多样性最高的国家，对雉鸡的知识普及与保护也成为"爱鸟月"的一个重要内容。

由于人类的捕杀和鸟类生存环境不断被破坏，越来越多的雉鸡被列入了濒危的行列，很多雉鸡物种的数量急剧下降。我国最濒危的雉鸡包括海南孔雀雉，它们分布在热带雨林中，由于栖息地被破坏，数量急剧减少。绿孔雀是我国体形最大的雉鸡，现在生存也受到严重威胁，急需采取保护行动。我国特有种白冠长尾雉，尾羽最长可以达到2米，达到了鸟类中的世界纪录。但这个物种现在数量也在急剧下降。

在雉鸡物种数量大量下降的同时，对雉鸡的保护也在进行中。我国目前已经建设了自然保护区2740个，其中有1000多个保护区都有雉鸡分布，有120多个保护区是以珍稀雉类作为主要对象的。

雉鸡与人类的关系非常密切。生活在亚洲热带丛林中的原鸡经过驯化成为家鸡，现在已经有109个品种，据估计全世界养殖的家鸡数量已超过20亿只，是人类蛋白质的主要来源。此外，在中国的传统文化中，雉鸡也占有一席之地，经常出现在诗歌、绘画等艺术形式中。戏剧中常以雉鸡羽毛作为演员的头饰。保护雉鸡，既保护了环境，也是在保护我国优秀的传统文化。保护雉鸡、保护鸟类、保护生物的多样性，是每个人的责任。

美丽蓝孔雀

连线题

一、连一连

在傣族人民的心目中，孔雀是最善良、最聪明、最爱自由与和平的鸟，是吉祥幸福的象征。舞蹈艺术家杨丽萍表演的孔雀舞给人留下深刻印象。在中国传统文化中，不同的鸟有着不同的象征意义，请把对应的项用线连起来。

白鸽	夫妻恩爱
鸳鸯	长寿延年
丹顶鹤	和平吉祥
乌鸦	慈孝反哺
鹰	人云亦云
鹦鹉	正义勇猛

非选择题

二、答一答

1. 鸟类大多在3—5月进入繁殖期，在南海子麋鹿苑湿地观鸟，可能你会有幸看到杜鹃和大苇莺，有的杜鹃会把卵产在大苇莺的巢内，由大苇莺替自己孵卵育雏。孔雀、鸿雁、天鹅、鸳鸯等在繁殖期都会出现一系列的繁殖行为，如筑巢、求偶、交配、产卵、孵卵、育雏等。仔细观察分析，说说哪些繁殖行为是鸟类必须有的。

2. 小鸡、小鸭出壳后就可以随着妈妈一起觅食，这叫早成雏鸟。小燕子、麻雀出壳后，浑身光溜溜的没有羽毛，眼睛也没有睁开，不能自行觅食，这叫晚成雏鸟。试分析说明这和它们的生活环境、生活习性有什么关系。

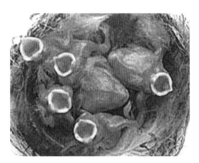

早成雏鸟　　　　　　　　　　　　　晚成雏鸟

三、看一看

观察喜鹊、鸳鸯、天鹅、燕子等鸟类的繁殖行为，说说它们的筑巢位置、巢材、孵卵方式、雏鸟类型等各有什么特点。

鸳鸯巢穴　　　　　　　　　　　　　天鹅巢穴

喜鹊巢穴　　　　　　　　　　　　　燕子巢穴

四、我的天地 （日志、绘本、照片、手抄报等）

撰稿：李自莲　宋　苑　侯朝炜

十二生肖

10

聚焦问题

　　生肖文化是我国的传统文化，几乎我们每个人都知道自己的属相，全球约有27亿人口有生肖文化。2012年，《十二生肖》这部电影中，那种全力追寻和挽救国宝的爱国情怀深入人心。那么，你知道十二生肖有哪些动物吗？老鼠为什么排第一个，它们的排序里蕴含了哪些科学道理？

学习导图

课标要求 概述脊椎动物类群的主要特征以及它们与人类生活的关系。

核心·素养 辨别迷信与伪科学，宣传健康生活，关爱生命，保护环境等。

十二生肖

鼠年说鼠
北京自然博物馆
南海子麋鹿苑博物馆

十二生肖
南海子麋鹿苑生肖园

生肖动物
北京动物园

147

寻找证据

探究地点

麋鹿苑生肖园、南海子麋鹿苑博物馆。

展品信息

1. 麋鹿苑生肖园

麋鹿苑是一座处处体现动物文化，致力于人与自然和谐相处的生态类博物馆。在乙丑年（1985年）夏，麋鹿苑生肖园推出了一套十二生肖铜雕。铜雕参考了圆明园大水法的生肖雕塑原型，并配以有关人文和自然知识的文字。在雕像的底座上，三面刻有可读性很强的文字材料，内容分别介绍了该种动物的名称、分类、种类、生活习性，相配的地支名称，古代诗词文化等，具有参与互动性。十二生肖涉及9种兽类、1种鸟类、1种神话动物、1种爬行动物，表现了我国几千年农耕文化对生物多样性的巧妙运用和天人关系、彼此关系的沟通与认同。

南海子麋鹿苑生肖园

十二生肖的起源众说纷纭，主要因素有两个方面：一是与上古时期人类的动物崇拜图腾相关；二是与远古时代人类原始的天文、历法思想直接相关。汉族是古代驯养家犬较早的民族之一，早在《山海经》中就有关于狗可以御凶的记载。《后汉书·南蛮传》中记述了古代瑶族始祖神话，即神犬盘瓠（hù）助帝喾（kù）高辛氏杀吴将军得天下，帝喾高辛氏之女嫁给盘瓠，繁衍瑶族子孙的故事。（帝喾，姓姬，为上古五帝之一，是黄帝的曾孙）这个神话不仅在口头传颂，还写入族谱，供于神庙年年致祭，岁岁还愿。西周时期，开始有了十二种动物与地支的对应关系。从汉代开始，则用十二地支记录每一天的十二个时辰，并按照动物的习性来对应十二个时辰。狗的职能是守夜，所以人们将狗安排在了"戌时"也就是下午七点到九点。十二地支中的戌正好对应一年中的九月，此时也是将要入冬、万物都将要进入蛰伏的季节。生肖作为悠久的民俗文化符号，历代留下了大量描绘生肖形象和象征意义的诗歌、春联、绘画、书画和民间工艺作品。

2．生肖联展

为弘扬中华优秀传统文化，在南海子麋鹿苑博物馆、北京自然博物馆等科普场馆，每年都有一个生肖主题展出。例如，2017年"鸡年话鸡"、2018年"狗年说狗"等。2019年春节期间，由国家文物局主办，北京自然博物馆承办，全国20多家博物馆联合推出了"金猪拱福——2019猪年新春生肖文物联展"，从历史、艺术、民俗等视角，以文物、艺术品、珍贵标本的图片为载体，讲述猪的故事，让观众了解生肖文化，感受民俗蕴含的精神文化，领略古今人们对于五谷丰盛、六畜兴旺的美好向往。

金猪拱福

思 考 讨 论

1．十二生肖里都有哪些动物，它们跟人类的生活、生产有什么密切关系？

2．在中国，龙年出生的小孩比较多，而羊年则很少。你认为有科学道理吗？从传统文化角度分析形成这种现象的原因。

 **科学探究**

搜集整理与十二生肖有关的生物学知识

生肖动物	动物分类知识、寓意	与动物对应的时间、动物相应的生活习性	有关该动物的古诗文、成语、谚语等
子（鼠）	种类：啮齿目2300种 寓意：生命繁衍，子孙旺盛，多子多福的生育观念	23：00～1：00，子时，鼠类出没频繁	首鼠两端，胆小如鼠，投鼠忌器
丑（牛）			
寅（虎）			
卯（兔）			

（续表）

生肖动物	动物分类知识、寓意	与动物对应的时间、动物相应的生活习性	有关该动物的古诗文、成语、谚语等
辰（龙）	神话动物，现实中龙象征：权势、尊贵	7：00～9：00，参考扬子鳄的生活习性	龙飞凤舞、龙凤呈祥、龙腾虎跃、二龙戏珠
巳（蛇）			
午（马）			
未（羊）			
申（猴）			
酉（鸡）			
戌（狗）			
亥（猪）			

思 考 讨 论

参观麋鹿苑、北京自然博物馆、北京动物园等地，查阅资料补充完整上图表格内容。

科普阅读

十二生肖的排序之说

生肖文化蕴含了古人的智慧。从动物形态结构和生活习性方面解释，十二生肖的排序具有一定的科学道理。每个动物代表的时间，是该动物一天中最活跃的时候。

十二生肖爪子（蹄子）手指数	
鼠	前4后5
牛	4
虎	5
兔	4
龙	5
蛇	2
马	1
羊	4
猴	5
鸡	4
狗	5
猪	4

十二生肖的排序是鼠、牛、虎、兔、龙、蛇、马、羊、猴、鸡、狗、猪。单号和双号排列，与动物的脚爪结构有关系。牛和猪的蹄子，前部中间分成两半，后面有两个小助趾，就是一只蹄子有四个指头。兔子的一个爪子有四个指头。羊是一个蹄子有四个指头。鸡爪子中间有三个比较长的指头，旁边还有一个较短的指头也是四个。蛇没有腿，蛇的信子是中间开叉分两个。所以，以上这些动物代表双数。在古代，有"五爪为龙，四爪为蟒"的说法，马的蹄子没有分半是一，猴子、狗、虎是一只爪子五个指头。单数是阳，双数是阴，所以这些动物也都是或阳或阴的属性。

那么，为什么老鼠会排在第一位呢？

古代的十二个时辰分别是子、丑、寅、卯、辰、巳、午、未、申、酉、戌、亥，每个时辰对应现在的两个小时。丑时从凌晨一点到三点，而牛喜欢在这个时候咀嚼反刍。巳时从上午九点到十一点，这个时候太阳已经升起来了，而蛇更容易隐藏在草丛中。戌时是晚上七点到九点，这个时候狗就在家门前开始守门了。子时是前一天的晚上十一点到第二天的凌晨一点，时间横跨两天，老鼠后面两只爪子是五个指头，前面两只爪子却因为退化长成了四个指头，满足了从阴至阳的过渡。所以，子时这个时间的代表动物就是老鼠，老鼠成了十二生肖中的第一位。

十二生肖：鼠
前爪四趾，后爪五趾

陶泥模型：鼠爪

十二生肖：牛
偶蹄目，二趾

陶泥模型：牛蹄

十二生肖：虎
五趾

陶泥模型：虎爪

龙到底是什么动物？

龙是十二生肖中唯一不存在的动物。在河南濮阳几个6000多年前的墓葬中，人们发现有用蚌壳在尸体旁边排列成的龙形图案，形象比较具体，有窄长的嘴，长身短腿，粗长尾巴，但无犄角。至商代的甲骨文，龙字是个头有角冠，上颌长、下颌短而下曲，身子卷曲的动物形象。中国文字为了适合窄长的竹简，常将动物的身子转向，四足悬空，使龙像是种可直立而飞翔的动物，其实它描写的是有短足的爬虫动物形。可能和栖息于长江两岸的扬子鳄的生活习性有关。扬子鳄有在雷雨之前出现，秋天隐匿、春天复醒的冬眠习惯。鳄鱼的生殖能力强，一次产卵20～70个。后来为了夸张它的神奇，就选择9种不同动物的特征加以修饰：角似鹿，头似驼，眼似龟，项似蛇，腹似蜃，鳞似鱼，爪似鹰，掌似虎，耳似牛。龙由于威力大，故成为男性的象征，龙后来还成为皇家的象征。

龙的形象是古代中国人综合了走兽、飞禽、水中动物和爬行动物的优点和特长而形成的。龙文化的综合性还表现在长期的发展过程中，龙不断吸收外来的优秀艺术元素，从而使其形象更为完美。比如，唐宋时期龙吸收了印度佛教中狮子的形象，头圆而丰满，脑后披鬣，鼻子也近似狮鼻，增加了龙的权威感。

1996年出土于贵州省安顺市关岭县新铺乡的"新中国龙"化石，龙首上有对称的一对"龙角"，与神话中的龙非常相似，引起了古生物学家的关注。该化石收藏于贵州省安顺市兴伟古生物化石博物馆，保存得非常完整，总长7.6米，龙角从头部的最宽处左右两边长出，双角对称，长约27厘米，略显弧形，这对"龙角"在龙头上翘出，酷似传说中龙的形象。贵州关岭新铺的"新中国龙"化石的"龙角"，为中国首次发现，为古代传说中长角的神龙提供了实物佐证，为龙的形象起源研究提供了新的思路，有重大的科学和历史价值。

十二生肖

一、选一选

1. 下面是猫、猪、鹅、马四种动物的脚印的简笔画，请判断哪个是马的脚印
（   ）

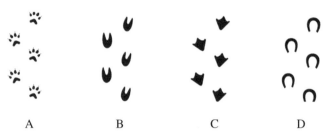

    A   B   C   D

2. 古人认为龙能飞翔和致雨，可能和栖息于长江两岸的扬子鳄的生活习性有关。参观动物园两栖爬行馆，观察鳄鱼、龟和蛇，说说它们的哪些特征和龙的形象吻合。

    扬子鳄   龟   蛇   龙

非选择题

二、答一答

很多动物的感觉器官都有过人之处，如猫头鹰的眼、狗的鼻子等，人们根据这些特征对动物加以训练，然后在生产、生活、科研、医疗、仿生学等方面充分利用。

狗对移动的物体具有特别敏锐的侦视能力。它们的眼球能转动的角度比人类更大，有些品种的猎犬具有270度的视野。光线淡时，狗的视力比人的视力要好。它们的瞳孔、晶状体很大，只需要人类所需光线的四分之一便能在暗处看清东西。

狗长着可以活动的外耳郭，它的听觉灵敏，感应力是人类的16倍，狗听的最远距离大约是人的400倍，对于声音方向的辨别能力是人类的2倍。

狗的嗅觉灵敏度约为人类的1200倍。狗的鼻子大约能辨别200万种不同的气味，具有高度分析的能力，能够从许多混杂在一起的气味中，嗅出它所寻找的那种气味。

通过参观或查阅资料，找一找动物有哪些独特的地方，以及它们对人类做出的贡献。

开放性问题

三、做一做

同学们在野外观察时，经常会发现地面上留下动物的足迹，有经验的猎人会通过足迹区分不同的动物，判断猎物逃离的方向。动物学家根据动物蹄子的特征，把有蹄类的哺乳动物划分为奇蹄目和偶蹄目，十二生肖里的动物分类和排序也跟动物脚爪数量有关。请观察十二生肖动物的脚爪，拍下它的脚爪图片、画简笔画或制作模型。想一想这与它们的生活环境和生活习性有什么关系。

鼠	牛	虎	兔
龙（化石复原图）	蛇	马	羊
猴	鸡	狗	猪

四、我的天地　（日志、绘本、照片、手抄报等）

撰稿：李自莲　宋　苑　侯朝炜

北京植物园

中国科学院植物研究所
北京植物园

可恶还是可爱 ——毛虫

 聚焦问题

你喜欢美丽的蝴蝶吗？你知道它们幼年时的形象吗？各种各样的毛虫，哪些能成长为蝴蝶，哪些能成长为蛾呢？

 学习导图

 课标要求
举例说出昆虫的生殖和发育过程。
举例说明生物和生物之间有密切的联系。
描述生态系统中的食物链和食物网。

 核心素养
稳态与平衡观、批判性思维、形成生态意识。

完全变态、生物防治

瓢虫
天坛等公园

各种毛虫
北京植物园

家蚕
家里

156

🔍 寻找证据

🏛 探究地点

北京植物园的樱桃沟和两侧山坡。

🕐 探究时间

每年6—9月。

🏷 展品信息

> 花椒凤蝶

花椒凤蝶属鳞翅目、凤蝶科，是东亚特有种。

成虫翅展90～110毫米。体侧有灰白色或黄白色毛。翅上的花纹呈黄绿色或黄白色。

幼虫5龄。第1龄至第4龄幼虫头部漆黑色，胴部（幼虫的胸部和腹部在外形上没有区别，统称为胴部）暗褐色，第6、7两节上有黄白色斜纹带。第5龄幼虫头部黄绿，体背面与侧面为草绿色，有横条纹。第4节和第6节后缘具1条大黑纹，足基部有黄色纹。幼虫白天伏于主脉上，夜间取食，遇惊时从第1节前侧伸出臭丫腺，放出臭气，借以拒敌。

花椒凤蝶成虫

花椒凤蝶低龄幼虫

花椒凤蝶末龄幼虫

1年发生3代，以蛹越冬。越冬代成虫于5—6月出现。成虫飞集花间，采蜜交尾。卵产在嫩芽嫩叶背面。孵化后幼虫即在芽叶上取食。蛹斜立枝干上，一端固定，另一端悬空，有丝缠于枝干上。卵期为6～8天，幼虫期约21天，蛹期约15天，越冬蛹约3个月。成虫产卵在寄主植物的幼株上，老熟幼虫化蛹后，越冬蛹为黄褐色，非越冬蛹为绿色。

天蛾

天蛾是鳞翅目、天蛾科昆虫的统称。它们是体形较大，前翅大而狭长，翅顶角尖，具翅缰和翅缰钩，触角粗厚，端部成钩的蛾类。经常飞翔于花丛间取蜜，许多种类在吸花蜜时给花传粉。

喙发达，飞翔力强。大多数种类夜间活动，少数日间活动。幼虫肥大，圆柱形，有特征性的尾角。入土后做土茧化蛹，蛹的第5节和第6节能活动，末节有臀棘。

天蛾幼虫

天蛾成虫

思 考 讨 论

1. 在自然界，各种毛虫分别用什么不同的方式保护自己？
2. 你认为毛虫对人的生活和自然环境有什么危害和好处？

科学探究

灯诱夜行性昆虫

时间：6—9月

设备：电源、电源线、高压汞灯（100瓦以上）、幕布（1.5米×1.5米以上的白布）、绳子

地点：北京植物园科普馆旁的开阔场地

1．固定幕布：用绳子拴好幕布四角，拉直绳子拴在树木等固定物体上，使幕布平展。

2．连接灯具：将高压汞灯悬于幕布前上方，距离幕布20～30厘米处，连好电源线。

3．进行灯诱：天黑后，连接电源。灯亮后，保持环境安静，静等昆虫飞来。

4．观察记录：用相机拍摄灯诱来不同种类的昆虫，并记录各种昆虫出现的时间、数量等信息。请自己设计记录表，要有种类、时间、数量等项目。

5．分类检索：查阅资料，检索记录到的昆虫的种类。

📖 科普阅读

生物防治

生物防治是利用一种生物对付另外一种生物的方法。大致可以分为以虫治虫、以鸟治虫和以菌治虫三大类。它的最大优点是不污染环境，是农药等非生物防治病虫害方法所不能比的。

由于化学农药的长期使用，一些害虫已经产生很强的抗药性，许多害虫的天敌又大量被杀灭，致使一些害虫十分猖獗。许多种化学农药严重污染水体、大气和土壤，并通过食物链进入人体，危害人体健康。利用生物防治病虫害，就能有效地避免上述缺点，因而具有广阔的应用前景。

利用微生物防治：常见的有真菌、细菌、病毒，如应用白僵菌防治马尾松毛虫（真菌），苏云金杆菌各种变种制剂防治多种林业害虫（细菌），病毒粗提液防治蜀柏毒蛾、松毛虫、泡桐大袋蛾等（病毒），5406菌肥防治苗木立枯病（放线菌）微孢子虫防治舞毒蛾等的幼虫（原生动物），泰山1号防治天牛（线虫）。

利用寄生性天敌防治：主要有寄生蜂和寄生蝇，最常见的有赤眼蜂、寄生蝇防治松毛虫等多种害虫，肿腿蜂防治天牛，花角蚜小蜂防治松突圆蚧。

利用捕食性天敌防治：这类天敌很多，主要为食虫、食鼠的脊椎动物和捕食性节肢动物两大类。鸟类有山雀、灰喜鹊、啄木鸟等，捕食害虫的不同虫态。鼠类天敌有黄鼬、猫头鹰、蛇等，节肢动物中捕食性天敌中除有瓢虫、螳螂、蚂蚁等昆虫外，还有蜘蛛和螨类。

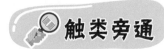

触类旁通

刺蛾

　　刺蛾是鳞翅目、刺蛾科昆虫的通称，大约有500种。幼虫肥短，蛞蝓状。无腹足，代以吸盘。有的幼虫体色鲜艳，密布刺毛。受惊扰时会用有毒刺毛螫人，并引起皮疹。它们以植物为食。在卵圆形的茧中化蛹，茧附着在叶间。刺蛾幼虫多被称为"洋辣子"。

刺蛾幼虫

　　成虫体长13～18毫米，翅展28～39毫米，触角雌丝状、雄羽状。

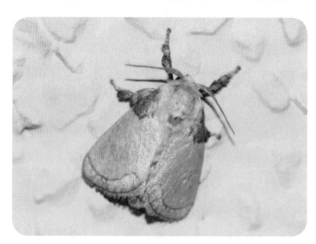

刺蛾成虫

美国白蛾

　　美国白蛾，又名美国灯蛾、秋幕毛虫、秋幕蛾，属鳞翅目、灯蛾科，是世界性检疫害虫，已被列入我国首批外来入侵物种。

美国白蛾属典型的多食性害虫，可危害200多种林木、农作物和野生植物，主要危害多种阔叶树。美国白蛾主要以幼虫取食植物叶片带来危害，其取食量大，危害严重时能将寄主植物叶片全部吃光，并啃食树皮，从而削弱了树木的抗害、抗逆能力，严重影响林木生长，被称为"无烟的火灾"。

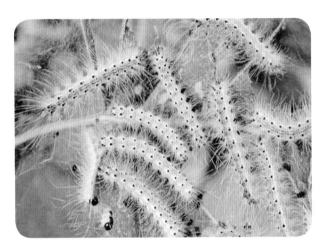

美国白蛾

美国白蛾繁殖能力强。1只雌蛾平均一次产卵300～600粒，最多可达1900粒，1年繁殖3代，如不防治，1年后其后代至少可达几十万只。

可恶还是可爱——毛虫

一、选一选

1. 花椒凤蝶等鳞翅目昆虫在自然环境和人类生产生活中所起到的作用不包括（　　　）

A. 帮助植物传播花粉　　　B. 将植物的物质和能量传递给其他动物

C. 促进林木生长　　　　　D. 为鸟类等动物提供食物

2. 与家蚕的发育类型不同的昆虫是（　）

A. 苍蝇　　B. 蟑螂　　C. 菜粉蝶　　D. 蚂蚁

二、答一答

如果你采集到毛虫，想不想将它们饲养起来，观察它们由毛虫最终发育为美丽的蝴蝶或独特的蛾子？在饲养之前，我们必须先弄清楚它们吃什么。

（1）采集毛虫：每年7—9月，在北京植物园樱桃沟和两侧山坡的林地，你可以见到各种不同的毛虫。找到一种数量较多的毛虫，进行采集。采集时尽量将毛虫直接拨入容器中，减少直接用手或其他部位皮肤接触毛虫，防止毛虫的刺毛刺伤自己，也减少对毛虫的伤害。一次采集同种毛虫若干。

（2）发现问题：在采集毛虫的同时，观察毛虫所处环境中的植物种类。那么，这种毛虫到底取食哪种植物呢？

（3）提出假设：_____

_____

_____

（4）设计实验：（可用图或表进行表达，可另附纸张）

（5）依据设计，完成实验：（自己设计记录表，记录实验现象）

（6）分析结果，得出结论：_____

_____

_____

（7）讨论：（除得出的结论外，本实验还有哪些启示，实验设计和操作中有什么缺憾）

_____

_____

开放性问题

三、想一想

菜粉蝶是一种世界性害虫，其幼虫又称菜青虫，主要取食蔬菜叶片，咬成孔洞或缺刻，危害严重时叶片几乎被吃尽，仅留叶脉和叶柄，极大地影响了蔬菜的生长和产量。

（1）如下图所示，菜粉蝶的生长发育经历了受精卵、幼虫、蛹、成虫四个阶段，其发育类型为_____。

 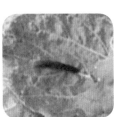  

受精卵　　　　　　　幼虫　　　　　　　蛹　　　　　　　成虫

（2）有同学观察发现，在白菜等十字花科蔬菜的叶上，常常能看到菜粉蝶的幼虫，而在芹菜等非十字花科植物的叶片上很难看到它们。这位同学产生了疑问：菜青虫取食十字花科植物是先天性行为吗？他想进行实验探究，请你帮他作出假设：＿＿＿＿＿

＿＿＿＿＿＿＿＿＿＿＿＿＿＿＿＿＿＿＿＿＿＿＿＿＿＿＿＿＿＿＿＿＿。

（3）实验材料的选择是否恰当，关系实验结果的可靠性。在上图所示菜粉蝶生长发育经过的四个阶段中，最适于选作初始实验材料的是其中的＿＿＿＿＿而不是幼虫，理由是＿＿＿＿＿＿＿＿＿＿＿＿＿＿＿＿＿＿＿＿＿＿＿＿＿＿＿

＿＿＿＿＿＿＿＿＿＿＿＿＿＿＿＿＿＿＿＿＿＿＿＿＿＿＿＿＿＿＿＿＿。

（4）保证实验结果可靠性的另一个关键因素是控制变量。下图是实验材料放置的几种方式，其中＿＿＿＿＿组实验结果最可靠。请任选其他一组说明影响实验结果的原因：

＿＿＿＿＿＿＿＿＿＿＿＿＿＿＿＿＿＿＿＿＿＿＿＿＿＿＿＿＿＿＿＿＿。

甲　　　　　　　　　乙　　　　　　　　　丙

（5）在上述实验中，若观察到＿＿＿＿＿现象，则可以说明菜青虫取食十字花科植物是先天性行为。

四、我的天地　（日志、绘本、照片、手抄报等）

撰稿：刘为民

飞行的花粉篮 ——蜜蜂

2

聚焦问题

各大媒体和网络上流传着一条据称是爱因斯坦所说的话："如果蜜蜂从地球上消失，人类将只能再存活4年。"这种骇人听闻的说法有没有道理呢？

学习导图

 课标要求 举例说出动物的社会行为。举例说明生物和生物之间有密切的联系。

 核心素养 进化与适应观、归纳与概括、关注社会议题，形成生态意识。

社会行为、传粉昆虫

蚂蚁
各森林公园

蜜蜂
北京植物园

蝴蝶
天坛等各公园

🔍 寻找证据

🏛 探究地点

北京植物园樱桃沟和卧佛寺之间的山坡上的一座蜜蜂博物馆。

🕐 探究时间

每年4—10月。

🏷 展品信息

蜜蜂在昆虫分类学上属于膜翅目、蜜蜂科昆虫。蜜蜂种类很多，比较常见的是中华蜜蜂和意大利蜜蜂。

意蜂和中蜂都是社会性种类。蜜蜂群体中有蜂王、工蜂和雄蜂三种类型，有一只蜂王，1万～15万只工蜂，500～1500只雄蜂。蜂王和工蜂是由受精卵发育而来的，雄蜂是由未受精的卵细胞发育而来的。

蜂王的任务是产卵，分泌的蜂王物质激素可以抑制工蜂的卵巢发育，并且影响蜂巢内的工蜂的行为。工蜂对蜂王台里的受精卵特别照顾，一直到幼虫化蛹以前始终饲喂蜂王浆。蜂王浆对雌性生殖器官的发育起重要的促进作用。蜂王一次交配后可以终身产卵。蜂王体型细长而稳重，它的寿命一般在3～5年，最长的可活9年。蜂王在春天和花期前后产卵量最高。

雄蜂的职责是和蜂王繁殖后代。雄蜂一生只有一次与蜂王的交配，交配结束后几分钟内死亡。雄蜂数目很多，在一群体内可能近千个。雄蜂的唯一职责就是与蜂王交配，交配时蜂王从巢中飞出，全群中的雄蜂随后追逐，此举称为婚飞。蜂王的婚飞择偶是通过飞行比赛进行的，只有获胜的一个才能成为配偶。交配后雄蜂也就完成了它一生的使命而死亡。

工蜂是一种缺乏生殖能力的雌性蜜蜂，在蜂群的雌性蜜蜂中，仅有蜂王拥有生殖能力。工蜂在这个群体中数量最多。养蜂者对一个蜂群中保持的工蜂多少，因不同季节而异，一般为2万～5万个工蜂。除采粉、酿蜜外，筑巢、饲喂幼虫、清洁环境、保卫蜂群等，也都是工蜂的任务。在同一蜂巢中的工蜂，因年龄的不同，可以分为三个生理上不同的工蜂群——保育蜂、筑巢蜂和采蜜蜂。工蜂的寿命一般是30～60天。

蜜蜂养殖的历史

养蜂历史悠久，早在6000年前就在西班牙发现了山崖上的取蜜壁画。古埃及人最早于公元前3000年将蜜蜂饲养在陶罐中，在尼罗河上下游转地养蜂，可见于埃及Abu Ghorab太阳神庙养蜂壁画（公元前2400年）。殷商甲骨文中就有"蜜"字记载，这也证明了早在3000年前我国古人已开始取食蜂蜜。中华蜜蜂最早的饲养记载是在3世纪的书籍中。在20世纪30年代，意大利蜂由日本引入我国，活框饲养也随之引入。1926年，美国E.F·菲利普斯的《养蜂学》和20世纪多位专家执笔的《蜂箱与蜜蜂》的出版，标志着养蜂学的形成。

> 转地养蜂是指在一定地域内游走的养蜂方式，对应定地养蜂。

蜜蜂的重要性

"如果蜜蜂从地球上消失，人类将只能再存活4年。没有蜜蜂，没有授粉，没有植物，没有动物，也就没有人类。"

爱因斯坦是否说过这句话并不重要了，重要的是人类确实离不开蜜蜂。习惯了享受琳琅满目的食物，人类还能够接受餐桌上只有谷物和肉类的生活吗？我们可以说人类生活质量在很大程度上取决于蜜蜂的授粉。

昆虫授粉使平均作物产量提高了18%～71%，大多数作物的产量和质量都得到提高。例如，当充分授粉时，油菜籽油含量较高，叶绿素含量较低，荞麦中空白种子比例下降。

75%的可食用作物在某种程度上取决于昆虫授粉。蜜蜂是最重要的被子植物传粉者，全世界约有3万种，然而大部分的作物授粉都由家养蜜蜂完成。

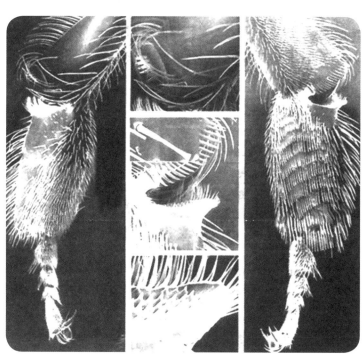

蜜蜂授粉，有专业的装备和能力（花粉篮、花粉刷、分叉绒毛、静电等），干专业的事情。

翅膀　　　　身体

复眼

花粉篮

触角

口器

蜜蜂结构图

蜂产品及其价值

蜜蜂采集蜜源植物的花内外蜜腺分泌物或蜜露，带回蜂巢后经反复酿制，使其中的多糖在转化酶的作用下分解为葡萄糖和果糖，并经翅膀扇风脱水、在蜂巢内贮存至成熟，水分蒸发至一般20%以下时形成天然、甜美、黏稠、透明或半透明的蜂蜜。

蜂蜜主要成分

名称	含量	备注
水分	低于20%	
果糖和葡萄糖	70%～80%	其中果糖和葡萄糖占总糖量的85%～95%
蔗糖	低于5%	
其他	约3%	蛋白质、矿物质、维生素、有机酸类、酶类和芳香物质等

蜂王浆是哺育工蜂头部王浆腺分泌的乳白色浆状物，专供哺育幼虫和饲喂蜂王食用。其含有极丰富的营养和特殊的生物活性物质，能促进机体生长发育和衰老受损组织的再生，增强机体对恶劣环境的抵抗能力和免疫能力。食用蜂王浆对消化系统、神经系统、心血管系统疾患，肝脏病、关节炎、糖尿病、失眠、哮喘、营养不良、更年期障碍和老年

病，以及癌症放疗、化疗副作用都有很好的调整、改善和辅助治疗作用。

蜂花粉具有保健作用。明代著名医药学家李时珍所著《本草纲目》中记载了蜂蜜、蜂蜡、蜂子、蜂房，以及花粉的医疗效果和治验附方。现代的营养专家研究表明：蜂花粉的营养丰富、均衡。

思考讨论

1. 你还知道哪些动物有类似蜜蜂的社会行为特点？
2. 像蜜蜂群体这样组成分工明确的大群体的生存方式有什么好处？

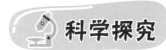

实践观察：蜜蜂携带的花粉

1. 采集蜜蜂（工蜂）：4—10月都可以在花丛中见到蜜蜂（工蜂）。采集工蜂并将采集到的工蜂制成浸制标本备用。（注意保护蜜蜂资源，不必采集过多，标本可多次观察使用）

2. 利用放大镜、显微镜等设备协助，观察工蜂的携粉足和所携带的花粉。

注意携粉足的形态结构，思考携粉足有哪些结构特点适合于携带花粉。

用显微镜观察花粉（最好能同时进行显微拍摄），查找资料，尝试鉴定花粉种类。

3. 思考问题：工蜂携粉足有哪些结构特点适合于携带花粉？蜜蜂携带的花粉中主要有哪些植物花粉？为什么有些植物的花粉不容易出现在蜜蜂携带的花粉中？

其他传粉动物

不同的昆虫可根据花的大小、颜色、形状、气味、化学物质，以及花期选择自己偏爱的花，形成不同的组合。

根据传粉昆虫的特征可间接探讨被子植物起源问题，根据辽西义县喜花虻类化石的存在可以证明，被子植物在晚侏罗世已经出现并分化。

　　主要的传粉昆虫多属于鞘翅目（14.1%）、双翅目（28.4%）、膜翅目（43.7%），此外还见于鳞翅目、直翅目、半翅目、缨翅目。常见的传粉昆虫如有蜜蜂、蝶、蛾、蚁、甲虫等。

　　在自然条件下，昆虫（包括蜜蜂、甲虫、蝇类和蛾等）和风是最主要的两种传粉媒介。此外，蜂鸟、蝙蝠、蜗牛，甚至猴子等也能传粉。有花植物在植物界如此繁荣，与花的结构和昆虫传粉是分不开的。

飞行的花粉篮——蜜蜂

一、选一选

1. 以下动物中可以传播花粉的是（　　　）

A. 蜻蜓　　B. 蝴蝶　　　C. 蝉　　　D. 黄蜂

2. 有比较严密的社会行为的是（　　　）

A. 蚜虫　　B. 沙丁鱼　　C. 蚂蚁　　D. 蝗虫

二、填一填

蜜蜂

大叶黄杨

金龟子

马陆

泥鳅

泥蜂

根据以上生物的特征分析。

（1）这6种生物中与其他生物亲缘关系最远的是＿＿＿＿＿＿，它能够进行＿＿＿＿＿＿制造有机物，属于＿＿＿＿＿＿界，而其他生物需要取食获取营养，属于＿＿＿＿＿＿界。

（2）剩下5种生物中与其他生物亲缘关系最远的是＿＿＿＿＿＿，它具有由脊椎构成的脊柱，属于＿＿＿＿＿＿动物亚门，而其他动物体表具有＿＿＿＿＿＿，且肢体＿＿＿＿＿＿，属于＿＿＿＿＿＿动物门。

（3）剩下5种生物中与其他生物亲缘关系最远的是＿＿＿＿＿＿，其他动物身体分为头、胸、腹三部分，胸部具有三对足、两对翅，属于昆虫纲。其中与蜜蜂亲缘关系最近的是＿＿＿＿＿＿，它们同属于膜翅目。

开放性问题

三、想一想

蜜蜂是自然链条上的关键一环。假如蜜蜂灭绝，人类不但会失去蜂蜜，自然界更多物种也会随之消失。全球85％的农作物都依赖虫媒授粉，如果传粉昆虫消失，有些植物则会出现减产或绝收，人类将面临严重饥荒。全球范围内蜜蜂种群数量在急剧下降，保护困境中生存的蜜蜂刻不容缓。由于蜜蜂减少，一些地方的林木和作物不得不依靠人工授粉。

农业扩大化生产，杀虫剂和化肥的使用不当导致开花植物减少，蜜蜂缺少食物来源，同时试剂的使用也是致使蜜蜂中毒反应、病虫害大爆发的主要原因。同时，为适应机械化生产需要，大规模单一植被的种植会导致花期过于集中，也对蜜蜂的健康很不利。包括农户饲养管理模式的不妥当，如过分追求产量、对蜜蜂健康的重视程度不够等，都导致蜜蜂的生存受到威胁。

2016年，世界自然保护联盟（IUCN）发布的濒危物种红色名录，其中31个种类的蜜蜂赫然在目：30种熊蜂和1种切叶蜂，其中极危3种，濒危1种，易危4种，无危18种，数据缺乏5种。

大家想一想，我们应该采取什么措施，保护蜜蜂等传粉昆虫。

请写出你的建议：

_____

_____

_____

_____

_____

四、我的天地

（日志、绘本、照片、手抄报等）

撰稿：刘为民

3 树枝上的精灵 ——松鼠

聚焦问题

可爱的松鼠为什么被叫作"松"鼠？你知道"松鼠"和"松树"之间存在着什么密切的联系吗？如果树林中丧失了松鼠，会对森林生态系统造成什么影响？

学习导图

课标要求　概述哺乳动物的主要特征以及它们与人类生活的关系。举例说明生物和生物之间有密切的联系。

核心·素养　结构与功能观、模型与建模、形成生态意识。

鼠类与人

家鼠
北京自然博物馆

松鼠
北京植物园

仓鼠
各宠物市场

🔍 寻找证据

🏛 探究地点

北京植物园的樱桃沟及两侧山坡。

🕐 探究时间

每年7—10月。

🏷 展品信息

岩松鼠（注：岩松鼠为松鼠的一种，北京常见种）

岩松鼠属啮齿目、松鼠科，是中国特有物种。

岩松鼠体型中等，体长约210毫米。尾长短于体长，但超过体长的一半。尾毛蓬松而较背毛稀疏。岩松鼠全身由头至尾基及尾梢均为灰黑黄色。背毛基为灰色，毛尖为浅黄色，中间混有一定数量的全黑色针毛。

岩松鼠昼行性，营地栖生活，在岩石缝隙中穴居筑巢，性机警，胆大，常见其进入山区民宅院。受到惊扰会迅速逃离，奔跑一段后常停下回头观望。攀爬能力强，在悬崖、裸岩、石坎等多岩石地区活动自如。

岩松鼠喜食带油性的干果，如油松松子、核桃楸果实、核桃、山杏、栗等都是其喜爱的食物，能窃食谷物等农作物。岩松鼠有贮食习性，将干果存于洞中，一只岩松鼠可能有多个贮食的地点。

其天敌主要是食肉的猛禽和猛兽。

岩松鼠通常每年繁殖1次，春季交尾，每胎可产2~5仔，最多8仔。

思考讨论

松鼠"储藏食物"的行为对自己的生存和森林的发展有哪些意义？

 科学探究

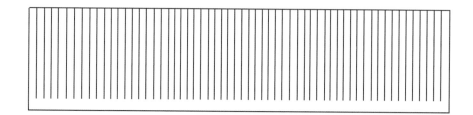
模拟实验："大尾巴"的功能

1．如图，将薄纸一侧剪成细纸条，另一侧有1厘米宽度区域不剪。

2．将铁丝连接在螺丝帽（或其他重物）上。

3．将准备好的纸，未剪的一侧粘贴固定在铁丝上，做成蓬松的"大尾巴"。

4．方法如前，只是薄纸片不剪，完全贴附在铁丝上，制作"细尾巴"。注意使"细尾巴"与"大尾巴"重量相同。

5．将"大尾巴"和"细尾巴"分别拿到相同高度（150厘米）松手投下，记录落下所需时间。

6．重复5这个步骤9次。

对照"大尾巴"和"细尾巴"从相同高度落下所需时间。

 思 考 问 题

生活在树林里的松鼠为什么具有蓬松的大尾巴？

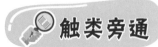 触类旁通

其他的"松鼠"——花栗鼠

花栗鼠个头要比松鼠小得多。它们的体重大约都在100克，成鼠体长110～150毫米，尾长接近体长，背部毛呈浅黄色或橘红色，有黑褐色纵纹，是与其他松鼠相区别的显著特征。

生境较广泛，平原、丘陵、山地的针叶林、阔叶林、针阔混交林，以及灌木丛较密的地区都能发现它们的身影。一般栖息于林区及林缘灌丛和多低山丘陵的农区，多在树木和灌丛的根际挖洞，或利用梯田埂和天然石缝间穴居。

它们主要在白天活动，晨昏之际最活跃，在地面时间多，在树上活动少。善爬树，行动敏捷，陡坡、峭壁、树干都能攀登，不时发出刺耳叫声。

花栗鼠食性杂，豆类、麦类、谷类和瓜果等都进食。秋季利用颊囊运大量食物，一个仓库存粮可达5~10千克，食物储存占用面积达30平方米。它们对食物贮存地记忆力不强，在一定程度上起了"播种"的作用。

花栗鼠每年繁殖1~2次，每胎生仔4~5只。生长3个月可性成熟。

北京市的其他"鼠族"——家鼠和宠物仓鼠

家鼠

家鼠是啮齿目、鼠科，大家鼠属和小家鼠属中的一些种类的通称。因这些种类主要栖居在城镇、乡村，与人关系密切，故名家鼠。

家鼠分布极广，栖息地多样，室内外都能栖息，是人类伴生种之一，凡是有人类的地方，就有它的踪迹。家鼠有一对非常坚硬锐利的门牙，因此家栖鼠

喜欢咬建筑材料、衣服、书籍，以达到磨牙的目的。它们是昼伏夜出的动物，主要是避开人类的干扰，多在夜间活动，活动时靠墙根或固定物边行走，形成鼠路。

家鼠繁殖力很强，一年四季都能繁殖，春、秋两季繁殖率较高，冬季较低。孕期20天左右，一年可产仔6~8胎，每胎4~7只。

来自小家鼠的小白鼠，以及来自褐家鼠的大白鼠，是著名的实验动物，在生物学和医学研究中被广泛利用。

仓鼠

仓鼠共7属、18种，主要分布于中亚干旱地区，少数分布于欧洲。非常可爱，是一类很受欢迎的宠物。

仓鼠身体较为肥圆。除分布在中亚的小仓鼠外，其他种类的仓鼠两颊皆有颊囊，从臼齿侧延伸到肩部，因此得名仓鼠。仓鼠通常会在筑巢的地方挖洞，喜夜间活动。常常会收集种子并把种子带回洞中或储存洞中。

仓鼠中的黄金鼠原产于以色列等地，于1938年引入美国后才正式成为宠物，也称为叙利亚仓鼠、金丝熊等。其他侏儒仓鼠中还有坎培尔仓鼠，也称一线鼠，原产于贝加尔湖东部、蒙古，我国黑龙江省、河北省、内蒙古自治区。加卡利亚仓鼠也称三线鼠，原产于哈萨克斯坦东部、西伯利亚西南部。罗伯罗夫斯基仓鼠，也称老公公，原产于俄罗斯、哈萨克斯坦、蒙古西南部、我国新疆维吾尔自治区等地。

仓鼠的繁殖率很高，怀孕期16～20天，每胎可生6～8只。

树枝上的精灵——松鼠

选 择 题

一、选一选

1. 松鼠作为哺乳动物的最主要特征是（　　　）

A. 体温恒定　　　B. 体内受精　　　C. 胎生哺乳　　　D. 用肺呼吸

2. 鼠类对人类生活和自然环境的益处不包括（　　　）

A. 传播"鼠疫"等疾病

B. 作为众多食肉动物的食物，是环境中物质循环的重要环节

C. 松鼠等很多鼠类，帮助传播植物种子

D. 作为实验动物，是医学和生物学研究的重要材料

非 选 择 题

二、填一填

根据下图，思考并回答问题。

（1）此图表示的是一个森林环境中的＿＿＿＿＿，它是由＿＿＿＿＿条食物链组成的，其中通过"鼠"的食物链有＿＿＿＿＿条。

（2）如果完全"消灭"这一环境中的"鼠"，"狐""蛇"和"鹰"的数量会＿＿＿＿＿。

（3）"草"和"鼠"在此环境中是＿＿＿＿＿关系，而"兔"和"鼠"是＿＿＿＿＿关系。

（4）此图的内容与完整的生态系统相比，缺少了＿＿＿＿＿和＿＿＿＿＿。

三、想一想

松鼠可以在树枝间轻快地跳跃行进，其蓬松的大尾巴起到重要的作用，结合前面的实践活动内容，请用自然选择学说解释松鼠"大尾巴"可能的进化形成过程。

四、我的天地　（日志、绘本、照片、手抄报等）

撰稿：刘为民

4 枝叶间的猎手 ——螳螂

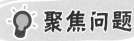聚焦问题

头顶两根雄鸡毛，身穿一件绿衣袍，手握两把锯齿刀，小虫见了拼命逃。谁是昆虫中的猛虎？如果昆虫也做梦的话，它一定是噩梦中的主角。

✏️ 学习导图

| 课标要求 | 举例说明生物和生物之间有密切的联系。认同生物进化的观点。 | 核心素养 | 结构与功能观、进化与适应观、演绎与推理、形成生态意识。 |

天敌昆虫

瓢虫
天坛等公园

螳螂
北京植物园

黄蜂
各森林公园

🔍 寻找证据

🏛 **探究地点**

北京植物园的樱桃沟和两侧山坡

🕐 **探究时间**

8—10月；5—10月（培养）

🏷 **展品信息**

中华大刀螳

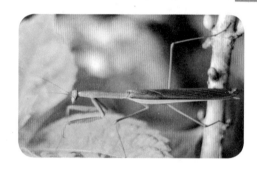

中华大刀螳属于螳螂科，是全国性品种，广泛分布于南北各地。

成虫体形大，呈暗褐色或绿色。雌虫体长74～120毫米，前胸背板长23～28毫米；雄虫体长68～94毫米，前胸背板长21～23毫米。

1年发生1代，以卵鞘在树枝、灌木枝条、篱笆和墙壁等处越冬。在北京地区于第二年5月下旬到6月下旬孵化，孵化盛期在6月上旬。雄虫一般为7龄，雌虫8龄。

8月上旬和中旬开始出现成虫。成虫于9月上旬开始产卵，9月下旬成虫陆续死亡。成虫羽化后，约经半个月开始交尾。雌雄虫一生可交尾多次，交尾时间长达3～4小时。交尾后1～33天开始产卵。一头雌虫一般可产1～2个卵鞘。每个卵鞘含卵数为195～437粒。雌雄成虫交尾时，雌虫常把雄虫的头部咬掉，但仍能正常交尾受精。

在北京地区，中华大刀螳捕食期长达4～5个月，可捕食各种农林、果树害虫。根据初步观察有油松毛虫、杨扇舟蛾、杨毒蛾、槐尺蛾、槐羽舟蛾、榆毒蛾、柏毒蛾、舟形毛虫、豆天蛾、大青叶蝉、刺槐蚜、松大好、桃蚜、杨树毛蚜，以及蝗虫、蝇类。1、2龄若虫主要捕食各种蚜虫、叶蝉、粉虱等，一天最多可捕食杨蚜、槐蚜或桃蚜16～20头；3～4龄若虫每天平均可捕食1龄油松毛虫8～9条或捕食2龄槐羽舟蛾3～9条；4～6龄若虫可捕食2龄油松毛虫4～8条或2龄杨毒蛾7～8条或2龄杨扇舟蛾8～19条；7～8龄若虫平均每天可捕食3龄油松毛虫4～5条，最多13条或捕食3龄杨扇舟蛾10～15条。除幼虫外，还可捕食各种鳞翅目成虫。随着虫龄增长，其捕食量也随之增加。根据在油松林内的初步释放试验显示，对减少虫口密度有一定效果。

广斧螳属于螳科、斧螳属。主要分布于我国河北省直至广东省一带。

虫体小而窄，前胸背板也较短而窄，宽约6.5毫米，长约17.5毫米。前翅前缘脉基部三分之一处有明显的大黄色或白色斑。

1年发生1代，于9月下旬开始产卵。捕食旱地作物多种害虫、柑橘蚧虫等。3龄以前捕食蚜虫日平均食虫量66头，3龄以后捕食棉铃虫、金刚钻、红铃虫、苕天蛾等成虫。

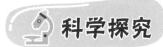

思考讨论

1. 螳螂的一生要经过哪些发育阶段？
2. 你推测雌性螳螂在交配时吃掉雄性的原因是什么？

科学探究

实践：螳螂的饲养

1. 采集螳螂卵鞘：每年10月至次年3月，在山区林地，向阳灌木丛中可以寻找到螳螂卵鞘。广斧螳卵鞘呈深黑褐色，于向阳枝条近顶端。中华大刀螳卵鞘较松软，呈浅黄褐色，大多处于向阳灌丛中下部枝丛中。每个卵鞘内有卵50～150粒，按学校统一采集，够每个学生5粒螳螂卵左右即可，不宜采集过多，以防破坏自然环境。

位于枝条顶端的广斧螳卵鞘

位于枝丛中的中华大刀螳卵鞘

2．螳螂卵的孵化：将螳螂卵鞘悬于容器内（容器要透气，但不能有大于1毫米直径的孔洞，防止螳螂若虫逃跑），卵鞘与容器底部距离大于5厘米。将卵鞘喷湿，保持25℃以上。螳螂若虫孵化出后，约24小时内不进食，且到处奔跑，此时需立即发放给学生。

刚孵化出的中华大刀螳若虫

3．螳螂若虫的饲养：每只若虫单独饲养（螳螂若虫会相互捕食）。

选用大塑料瓶，截去上部锥形部分，放入适量干树枝，罩上纱布（或其他无异味的布）来作为饲养容器。

幼小若虫吃果蝇或蚜虫等。可在小瓶内放入香蕉泥（或其他水果泥）吸引果蝇产卵并饲养果蝇幼虫，瓶口用网布罩住（网眼较大，使果蝇能进出）。将已有果蝇幼虫的瓶放入螳螂饲养容器，会在一段时间内源源不断提供给螳螂若虫充足的食物。喂养较大的螳螂若虫，可买黄粉虫饲喂。

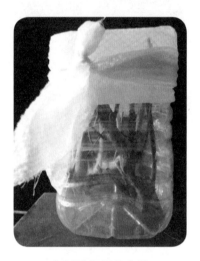

自制螳螂饲养容器

4．饲养过程的观察记录：自己设计记录表。每天观察螳螂若虫的生长发育和健康状况，留意容器内的环境状况，并对观察到的情况进行及时的记录。

5．当螳螂发育到成虫期，将螳螂释放到山地丛林中。

触类旁通

天敌昆虫

瓢虫

瓢虫是鞘翅目、瓢虫科的甲虫的通称，是体色鲜艳的小型昆虫，常具红、黑或黄色斑点。

瓢虫是完全变态发育的昆虫，即幼期的形态与成虫完全不一样。一生要经历4个虫期：卵、幼虫、蛹和成虫。多数瓢虫的卵历期为2～4天，幼虫为9～15天，蛹为4～8天，从卵到成虫出现需16～25天。

瓢虫

卵孵化后，爬出来的小幼虫会停在卵壳上，等待体表、口器等器官硬化。随后小幼虫分散觅食。幼虫分为4个龄期。大部分瓢虫以蚜虫为食。在捕食性的瓢虫中，七星瓢虫是古北界常见的蚜虫天敌，中国采取助迁和保护的方法用它来防治棉蚜。

七星瓢虫是广泛分布于非洲、欧洲、亚洲的代表性瓢虫，在不同个体之间没有图样的差异。它们以蚜虫与叶螨为生，当食物不足时幼虫间会有同类互食的情形发生。

异色瓢虫

异色瓢虫广泛分布于亚洲等地，与七星瓢虫并列为代表性物种。与七星瓢虫不同的是其体色变化性大，有黑底2个红斑、黑底4个红斑、红与黄色多图样等。捕食蚜虫。

黄蜂

黄蜂

黄蜂是膜翅目、细腰亚目内，除蜜蜂类及蚂蚁类之外的能螫刺的昆虫。黄蜂也叫胡蜂。黄蜂一生包括卵、幼虫、蛹和成虫4个虫期，1年发生3代，第1代成虫6月中旬羽化，第2代一般6月中旬至7月上旬发生，第3代7月中旬至8月上中旬羽化，10月下旬交配，开始越冬。雄蜂多在第3代出现，交配后死亡。春季雌蜂单独觅食筑巢，一般将巢筑于树上或树洞中。成虫捕食鳞翅目幼虫，并取食果汁及嫩叶。

黄蜂成虫时期的身体外观亦具有昆虫的标准特征，包括头部、胸部、腹部、三对脚和一对触角。同时，它的单眼、复眼与翅膀，也是多数昆虫共有的特征。此外，腹部尾端内隐藏了一支退化的输卵管，即有毒蜂针。成虫虫体多呈黑、黄、棕三色相间，足较长，翅发达，飞翔迅速。

昆虫的不完全变态发育

若虫与成虫在外部形态、内部结构、生理机能、生活习性上基本相似，这种变化称不完全变态或半变态。一生分为卵、幼期、成虫3个虫期，如蝗虫、椿象、蜻蜓、蟋蟀、蝼蛄、蝉等。

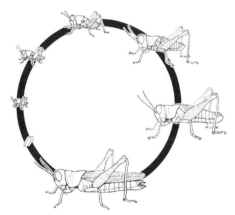

蝗虫的不完全变态发育过程

枝叶间的猎手——螳螂

选择题

一、选一选

1. 我们认为螳螂和瓢虫是"农民的好帮手"是因为它们能（　　）
A. 散播种子　　B. 消灭害虫　　C. 传播花粉　　D. 去除杂草

2. 与螳螂的发育类型有明显差异的昆虫有（　　）
A. 蝗虫　　B. 瓢虫　　C. 蟋蟀　　D. 蟑螂

非选择题

二、填一填

"螳螂捕蝉，黄雀在后。"这句话中所包含的食物链是＿＿＿＿＿＿＿＿＿＿＿＿＿。

若森林中的螳螂等食虫动物消失，毛虫、蝉等植食性昆虫的数量会＿＿＿＿＿＿，树木会受到＿＿＿＿＿＿＿＿＿＿，森林生态系统中的生产者若被毁坏，则会动摇食物网的基础，使整个生态系统受到打击。

三、答一答

北京市分布着中华大刀螳和广斧螳两种螳螂。中华大刀螳体形窄长，形状和颜色类似狗尾草的叶片；广斧螳则体形较宽，形状和颜色类似柳树叶。中华大刀螳主要在草丛和矮灌丛中捕食蝗虫等昆虫，而广斧螳则主要在乔木上活动，捕食树上的蝉和毛虫等。

中华大刀螳和广斧螳秋季都会在灌丛中产卵，中华大刀螳在灌丛中下部产卵，而广斧螳在灌丛的枝条顶端产卵。

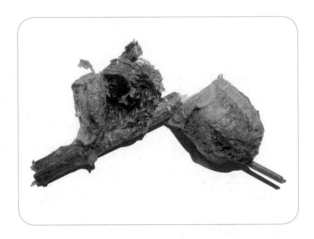

左为被鸟类撕食的中华大刀螳卵鞘

螳螂的卵块具有起保护作用的卵鞘。中华大刀螳的卵鞘厚且蓬松柔软，可以抵御严寒和蟓的刺吸，但容易被鸟类撕食。广斧螳的卵鞘薄且硬实，可以抵御鸟类撕食，但耐寒能力有限，也容易被蟑吸食卵。

螳螂若虫在春季刚刚孵化时，先无食欲，而是处于一种"暴走"状态，到处奔跑，若干个小时之后，才开始取食食物。

夏末秋初时，螳螂进入交配季节，交配后，雌螳螂会将雄螳螂吃掉。

（1）无论中华大刀螳还是广斧螳的颜色和形状都与自己的生存环境高度融入，这是因为在众多的体形和颜色的_____类型中，与环境越_____的类型，存活率越高。

（2）从卵鞘类型上看，中华大刀螳物种形成过程中可能经历的环境特点是：环境中可能有大量_____（选填"猎食性蟑"或"食虫鸟类"），但缺乏_____（选填"猎食性蟑"或"食虫鸟类"）。

（3）中华大刀螳和广斧螳似乎在"躲着"对方，这样避免了争夺生存资源的过程。这是因为，与其他物种存在资源冲突的变异，生存概率会_____，因而容易被_____。而与其他物种在资源需求方面重叠越小的变异类型，越容易被_____而发展成新类型。

（4）螳螂的祖先中，若虫孵化出之后，先"暴走"再取食的变异类型，避免了兄弟姐妹间的互相残杀，增加了存活率。雌螳螂交配后将雄螳螂吃掉，可以获得蛋白质，提高产卵量，增加后代的数量。这些看似非常巧妙的特点，都是在众多_____的基础上，保留有利类型、淘汰不利类型，并将有利性状_____给后代，最终进化发展为_____环境的类型。

四、我的天地 （日志、绘本、照片、手抄报等）

撰稿：刘为民

5 从水到陆 ——蛙

 聚焦问题

你能想到有什么动物，幼年时和成年时不仅长相不同，连生存环境都有明显的差异吗？

 **学习导图**

课标要求
描述两栖动物的生殖和发育过程。
认同生物进化的观点。
举例说明生物和生物之间有密切的联系。

核心素养
进化与适应观、归纳与概括、形成生态意识。

两栖动物

大鲵
北京动物园

蛙
北京植物园

蝾螈
各观赏鱼市场

🔍 寻找证据

🏛 探究地点

北京植物园的湖区和樱桃沟溪流。

⏱ 探究时间

每年4—7月。

🏷 展品信息

黑斑侧褶蛙

黑斑侧褶蛙也叫黑斑蛙，属无尾目、蛙科、侧褶蛙属。

成蛙体长一般为7～8厘米，一般情况下，同龄雌蛙比雄蛙大。它们的身体分为头、躯干和四肢三部分，成体无尾；背绿或后端棕包，有许多黑斑。雄性有一对颈侧外声囊。头部略呈三角形，口阔，吻钝圆而略尖，鼻孔长有鼻瓣，可随意开闭以控制气体进出。两眼

黑斑侧褶蛙

位于头上方两侧，眼后方有圆形鼓膜。躯干部分与头部直接相连，因没有颈部，头部无法自由转动。四肢由两前肢、两后肢组成。前肢短，指侧有窄的缘膜；后肢较长，趾间几乎为全蹼。

黑斑侧褶蛙是我国最常见的蛙类，从沿海平原至海拔2000米左右的山区都有它们的踪迹。它们广泛生活于平原或丘陵的水田、池塘、湖沼区和山地；白天隐蔽于草丛和泥窝内，黄昏和夜间活动；跳跃力强，一次跳跃可达1米以上。

成蛙在10—11月进入松软的土中或枯枝落叶下冬眠，翌年3—5月出蛰。繁殖季节在3月下旬至4月，雄蛙前肢抱握在雌蛙腋胸部位，黎明前后产卵于稻田、池塘浅水处，卵群团状，每团3000～5500粒。卵和蝌蚪在静水中发育生长，幼体变态后登陆营陆栖生活。蝌蚪体形肥大，体绿色且带有不规则的深色小斑纹。

蝌蚪期为杂食性，植物性、动物性食物都能摄食。蝌蚪变态成幼蛙后，因为蛙眼的结构特点，决定了成体黑斑蛙只能捕食活动的食物。蛙的取食以节肢动物昆虫纲最多，还吞食少量的螺类、虾类、小鱼和小蛙等。捕食时，迅猛地扑过去，将食物用舌卷入口中，整个吞咽进腹中。吞咽时眼睛收缩，帮助把食物压入腹中。

该蛙具有分布广、数量多、适应性强、繁殖快、用途广、易采集等优点，是我国经济价值较高的蛙类资源。其主要作用是捕食害虫。有关该蛙的食性分析资料较多，它们以吞食直翅目、膜翅目、蜻蜓目、鞘翅目为主，还吃双翅目、脉翅目、半翅目等昆虫。据统计，一只黑斑侧褶蛙一天可吞食虫子50～70只。如果每亩（约0.067公顷）稻田有蛙100只左右，能有效控制虫害的发生，防治害虫的效果明显高于施药区。另外，黑斑侧褶蛙是医学和科研工作中较为理想的实验动物。在普通生物学、解剖学、遗传学、细胞学、分子生物学、胚胎学、生理学，以及生态学等方面的教学或科研中常用它作为实验材料。

思考讨论

1. 为什么科学界认为两栖动物是脊椎动物由水生进化到陆生的过渡类型？
2. 蝌蚪有哪些特征类似于鱼类？
3. 蛙类蝌蚪生活在水中，成体可以生活在陆地上，这样对蛙类生存有什么好处？

科学探究

实践：观察蛙的变态发育过程

（1）采集蛙卵：每年3—4月可采集到中华蟾蜍（湖区）、林蛙（溪流）的卵或蝌蚪，5—6月可采集到黑斑侧褶蛙的卵或蝌蚪。在具有水生植物的向阳缓流或静止浅水区域，可见到蛙卵。蟾蜍的卵呈卵带，蛙科的卵呈卵块。蟾蜍蝌蚪呈深黑色并集群活动，蛙的蝌蚪呈灰色并独自活动。建议以学校为单位，有组织地统一采集，每个学校采集一个卵带或卵块量的1/3，最多不超过1/2，将其他卵放回原处（不要放入过深或过浅的水中）。回校后将蛙卵分配给学生，每个学生有4～5粒蛙卵即可。

（2）蛙卵的孵化：将蛙卵放入10～20厘米水深的盆中，注意一定要让卵的深色一侧始终向上。放在阳光能晒到的地方，静置。每天早晚各观察一次，并记录现象。

（3）蝌蚪的饲养：当小蝌蚪能够自由游动后，每天喂相当于蝌蚪头部体积之和的1/2～1倍量的饲料，可用观赏鱼饲料或无脂的肉末等。

自己设计记录表，每天观察记录蝌蚪的生长发育状况和水质变化，若水质变差，则及时换水（经晾晒24小时以上的自来水）。

（4）放归：当蝌蚪变态为幼蛙后，可放归原采集地。

注意：在由蝌蚪变态为幼蛙的过程中，对环境氧气含量要求较平时高，此时停止喂食，水质保持清洁，并提供能出水面的平台（木片、泡沫塑料片、石块等）。

触类旁通

北京市常见的两栖动物

中国林蛙

中国林蛙属无尾目、蛙科，分布于中国和蒙古。我国包括黑龙江、吉林、辽宁、内蒙古、河北、山西、陕西、甘肃、青海、新疆、山东、江苏、四川、西藏等地区。

中国林蛙

雌蛙体长71～90毫米，雄蛙较小。

栖息在阴湿的山坡树丛中离水体较远，9月底至次年3月营水栖生活。在严寒的冬季它们都成群地在河水深处的大石块下进行冬眠。林蛙是典型的水陆两栖性动物，在其生长发育过程中，蝌蚪期和冬眠期在水中生活，而变态后的幼蛙、成蛙的活动期在陆地生活。林蛙每年春天完成冬眠和生殖休眠以后，沿着溪流沟谷附近的潮湿植物带上山，开始营完全的陆地生活。林蛙对栖息的森林类型有一定的选择，喜栖在林内郁蔽度大、枯枝落叶多、空气湿润的植被环境中，如阔叶林或针阔混交林，林内有高大的乔木、中层灌木和低层蒿草三层植被遮阴。

林蛙性成熟时间为2年。成蛙出河后即开始"抱对"在水中产卵受精。

中华蟾蜍

中华蟾蜍为蟾蜍科、蟾蜍属的两栖动物，俗名癞蛤蟆。

中华蟾蜍

中华蟾蜍常穴居在泥土中，或栖于石下和草间；栖居草丛、石下或土洞中，黄昏爬出捕食。体粗壮，雄性较小，皮肤粗糙，全身布满大小不等的圆形瘰疣。头宽大，口阔，吻端圆。眼后方有圆形鼓膜，头顶部两侧有大而长的耳后腺1个。

中华蟾蜍白昼潜伏，晚上或雨天外出活动；以捕获蜗牛、蛞蝓、蚂蚁、甲虫与蛾类等动物为食。

卵在管状胶质的卵带内交错排成四行。卵带缠绕在水草上，每只产卵2000～8000粒。成蟾在水底泥土或烂草中冬眠。

蟾蜍入药，始见于《本草别录》，其味辛、性凉、有毒。归心、肝、脾、肺经，具有解毒散结、消积利水、杀虫消疳的功效。现代医学证明，蟾蜍还有局麻、强心、升压、抗肿瘤等多方面的作用。蟾蜍有两大药用原材部位，一是蟾酥，二是蟾衣，都是极其珍贵的中药材。蟾酥就是蟾蜍耳后腺所分泌的白色浆液，蟾衣是蟾蜍的角质层表皮。

从水到陆——蛙

一、选一选

1. 下列对青蛙生殖发育特点描述正确的是（　　）

A. 体内受精，变态发育　　　B. 体外受精，变态发育

C. 体内受精，非变态发育　　　D. 体外受精，非变态发育

2. 幼时用鳃呼吸，成熟后主要用肺呼吸的是哪一种动物（　　）

A. 鲤鱼　　B. 锦蛇　　C. 青蛙　　D. 龟

二、连一连

各种不同的动物生存于不同的环境，具有适应于自身运动特点的结构，请将以下动物与相对应的运动结构连线。

鲤鱼　　　　　　　　　三对足、两对翅

牛蛙　　　　　　　　　前肢为翼

麻雀　　　　　　　　　鳍

蝴蝶　　　　　　　　　后肢肌肉发达

三、想一想

牛蛙原产于北美，因其鸣叫声洪亮酷似牛叫而得名。成体体长一般在70～170毫米，最大可在200毫米以上，是现生最大的蛙类。成体捕食昆虫、小虾、小蟹等其他无脊椎动物，以及小鱼、小蛙、蝌蚪、蝾螈、幼龟、蛇、鼠类等小型脊椎动物，食量颇大。幼体在自然环境中主要以浮游生物、藻类、轮虫和多种昆虫的幼虫、苔藓和水生植物为食。

牛蛙因具有较高的经济价值，20世纪50年代末首次被引入我国。养殖牛蛙具有生长速度快、高产、高效等优点，在我国经过近20年的快速发展之后，现已经成为特种水产养殖的主要品种之一。目前，牛蛙在我国福建、广东、浙江等沿海地区均有较大规模养殖，养殖产量逐年递增，近几年牛蛙年产量已达15万吨。

牛蛙体形大，可以吞食当地小型蛙类的成体和蝌蚪，甚至吞食湖、塘内的鱼苗，可能造成其他动物资源的损失，甚至有可能改变当地两栖动物区系。美国地质勘探局生物学家亚当·塞普尔韦达在2014年10月7日表示，几乎无所不吃的美洲牛蛙蔓延成灾，正沿西北部蒙大拿州境内的黄石河顺流而下，对土生蛙类构成威胁。

（1）牛蛙繁殖时需要在_____中产卵，卵在_____完成受精过程，成为受精卵。孵化出的幼体叫作_____，幼体的身体结构类似于_____类，用_____呼吸，并通过尾部的摆动游泳。而成体则可以到岸上活动，用_____呼吸，_____也具有辅助呼吸作用。

（2）如何能防止牛蛙危害生态环境中的生物多样性，请思考并提出你的建议：

_____

_____

_____

_____

四、我的天地

（日志、绘本、照片、手抄报等）

撰稿：刘为民

6 探秘"水杉仙境"

聚焦问题

你去过北京植物园的"水杉仙境"吗？你知道水杉为什么被称为"活化石"吗？"水杉仙境"里还有其他的珍稀濒危植物吗？

学习导图

课标要求：概述植物的主要特征，以及它们与人类生活的关系。
关注我国特有的珍稀动植物。说明保护生物多样性的重要意义。

核心素养：结构与功能观、进化与适应观、归纳与概括、观察。

珍稀植物

珙桐
清华大学

水杉
北京植物园

鹅掌楸
中国科学院植物研究所北京植物园

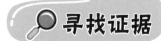

寻找证据

探究地点

北京植物园樱桃沟"水杉仙境"。

展品信息

水杉

拉丁学名：*Metasequoia glyptostroboides*

英 文 名：dawn redwood

分　　类：松柏纲、松杉目、杉科、水杉属

　　水杉是我国第一批被列为国家一级保护植物的稀有种类。距今1亿多年前，水杉曾遍布欧、亚、美三大洲，然而，大自然赋予水杉的不是永恒的春天。在第三纪，北半球历经多次冰期，欧、美大陆均被巨大的冰川所覆盖，水杉类植物趋向灭亡。我国特殊的三级台地和山脉阻挡冰川的南侵，加上川、鄂、湘边界地形复杂，受冰川的影响较小，为水杉提供了避难所。

　　从1941年植物学家发现水杉，到1948年胡先骕和郑万钧共同撰写的《水杉新科及生存之水杉新种》文章的发表，这种曾引起世界各国植物学家的关注，被称为"活化石"的植物，首次有了自己的名字*Metasequoia glyptostroboides* Hu et Cheng。

　　1972年秋天湖北利川寄来种子，北京植物园技术人员进行播种育苗，于1974年和1975年两个春天，将实生苗种到樱桃沟内。水杉喜湿，怕涝，不耐寒，樱桃沟内终年流水，湿度大，背风无严寒，满足了水杉生长的两个重要因素。现樱桃沟近180余株的水杉已蔚然成林，树高者20米以上，树干直径多在25厘米左右，粗者达35厘米。

　　每年4—10月的10:00—14:00，北京植物园都会启动喷雾技术保持水杉林的湿度，通过4000多个细小的喷雾孔营造出让游人置身在云端的效果，被誉为"水杉仙境"。

思 考 讨 论

1. 水杉的叶形和叶序（叶在枝条上的排列方式）与松、柏有何区别？水杉冬天是否落叶？其落叶具有怎样的特点？

2. 野生的水杉是在哪里发现的？为何其他地方的野生水杉都灭绝了？水杉需要怎样的生存环境？

 科学探究

探究樱桃沟中的植物

北京植物园樱桃沟的环境相对于植物园其他区域更接近原生态，这里的植物物种也十分丰富，其中还包括水杉、红松、青檀、玉铃花等珍稀濒危植物，你能否借助信息技术，初步探究樱桃沟都有哪些植物，请制作一个"北京植物园樱桃沟植物导览"供游人参考。

1. 出发之前，先在手机上下载"花伴侣"或"形色"等识图App，还可以下载"中国植物志"App备用。

2. 沿着樱桃沟观景步道，沿途观察所见植物，手机拍照，并利用"花伴侣"等App查询植物名。

3. 对比识图App提供的参考名称和信息，进一步观察植物形态特征，做出自己的判断。还可以在"中国植物志"App中输入相关植物名，查看植物描述，进一步甄别。

4. 将判断得出的植物名记录在笔记本上，并简要记录其生长的环境。

5. 回家后，将考察记录进行整理，并查询"中国植物物种信息数据库"网站，对植物的基本信息进一步确认和补充并填写下表。

中文名	拉丁学名	所属科	主要形态特征	生存环境	花期果期

6．将你整理出的文字结合你所拍的植物照片，制作一个电子书"北京植物园樱桃沟植物导览"，通过微博、微信等自媒体与他人分享。

科普阅读

辗转20载，方得身份证的水杉

水杉是世界上珍稀的孑遗植物，素有"活化石"之称。远在中生代白垩纪，地球上就已出现水杉类植物，并广泛分布于北半球。大约第三纪冰川后，这类植物几乎绝迹。在欧洲、北美和东亚，于晚白垩至上新世的地层中均发现过水杉的化石，一直未发现活体植物，植物学家曾经一度认为水杉在地球上已经绝迹。直到20世纪40年代在我国植物学家的共同努力下，水杉才被重新发现并被正式定名，水杉的发现也被誉为"最近一个世纪以来，植物学界最重要的发现"。

其实，水杉从被发现到正式被授予"身份证"并不是一帆风顺的，中间经历了20年的辗转。经中国科学院上海辰山植物科学研究中心研究员马金双博士调查研究，发现中国于1941年首次采集到水杉标本。1941年，农林部中央林业实验所王战由重庆赴湖北恩施接洽有关去神农架考察事宜时路过四川省万县，从万县农校杨龙兴处得知磨刀溪（隶属湖北省利川市）有"神树"存在，于是王战一行将水路计划改为陆路，直赴恩施，并采得标本。王战认为标本为水松，并将其存放于标本室。1945年此标本辗转到了郑万钧手里，他判断这不是水松而是新物种，又派人前往四川进行标本采集，并将采集到的标本邮寄给胡先骕教授征求意见。胡先骕先生于1947年将命名为*Metasequoia glyptostroboides* Hu et Cheng的水杉标本邮寄给哈佛大学阿诺德树木园。几经研究，于1961年水杉属的学名*Metasequoia* Miki ex Hu et Cheng 及其模式种M. glyptostroboides Hu et Cheng被作为保留名正式载入《国际植物命名法规》，植物学家历经20年的辗转研究，终于给水杉办好了"身份证"。

日本京都大学讲师、古生物学家三木茂博士发表了一篇关于化石植物新属Metasequoia的论文，建立了水杉的化石属名。1941年活植物水杉被发现，归功于我国川、鄂、湘边界地带复杂的地形使很多物种受冰川的影响较小，为它们提供了避难所。

水杉姿态优美，叶形秀丽，是珍贵的园林绿化树种。纹理通直，生长较快，为良好的用材树种。同时，它的发现为研究古植物学、古气候学、古地理学和地质学都提供了非常有价值的资料。

触类旁通

　　水杉于1941年首次在我国被发现，20世纪70年代，北京植物园引进水杉种子，成功繁殖后植于樱桃沟内，现树高达15～20米，树干通直，郁郁葱葱，形成了北京地区规模最大的水杉风景林。在樱桃沟内还有一个来自水杉故乡湖北省利川市小河镇的古水杉树桩，2001年由植物园科技人员发现并运回。经中国林业科学研究院的专家鉴定，此水杉的树龄为840岁。水杉是珍稀的孑遗植物，素有"活化石"之称，它对于古植物、古气候、古地理、地质学，以及裸子植物系统发育的研究均有重要意义。但是，人们为了得到更多的农田，砍伐了无数的水杉植株，就是这株宋朝时期就巍然屹立在小河镇的老寿星也没有逃脱厄运！

　　在北京植物园樱桃沟中，你是否发现还有别的珍稀濒危植物或者"活化石"植物呢？造成它们珍稀濒危的原因又是什么呢？

探秘"水杉仙境"

选择题

一、答一答

观察以下植物的照片，判断它们属于哪类植物。

① ②

③ ④

⑤ ⑥

⑦ ⑧

属于苔藓植物的是 _____ ；属于蕨类植物的是 _____ 。

属于裸子植物的是 _____ ；属于被子植物的是 _____ 。

非选择题

二、答一答

1. 下面两幅图分别是水杉和其近亲北美红杉的枝叶标本，你能根据对标本图片的观察，说说二者在形态上有何区别吗？

水杉　　　　　　　　　　　　　北美红杉

2. 裸子植物中的松科植物为雌雄同株，依靠风媒传粉；被子植物中的杨属植物也是依靠风媒传粉的，但却是雌雄异株，你认为雌雄同株和异株各有什么优劣？

油松的雌球花和雄球花

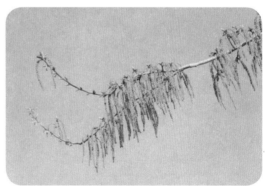

毛白杨的雌株（上）和雄株（下）

开放性问题

三、想一想

探秘了北京植物园樱桃沟，想必你对植物多样性又有了更深入的认识。对于植物多样性的保护，你有什么问题想进一步探究呢？比如，造成某些物种濒危的原因有哪些？濒危物种与其栖息地中的其他物种之间是否有互利共生的关系？是否能够通过扦插、组织培养技术来帮助一些珍稀濒危物种繁殖？请你根据自己感兴趣的问题，拟写一个研究课题，查找相关资料或者访谈专家，完成你的研究。

四、我的天地

（日志、绘本、照片、手抄报等）

撰稿：伍　凯　陈红岩

黄叶村里的红楼植物

聚焦问题

你听说过西山黄叶村吗？相传这里是曹雪芹晚年写作《红楼梦》的地方。《红楼梦》里写到了很多种植物，其中有不少在西山黄叶村就能见到，你知道是哪些植物吗？这些植物有何特别之处？它们与我们的生活有何关系？

学习导图

课标要求　概述植物的主要特征和它们与人类生活的关系。
尝试根据一定的特征对生物进行分类。

核心素养　结构与功能观、物质与能量观、归纳与概括、观察。

红楼植物

忆江南
北京园博园

黄叶村
北京植物园

潇湘馆
北京大观园

203

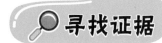

寻找证据

探究地点

北京植物园黄叶村、曹雪芹纪念馆、草药园。

游览北京植物园黄叶村、曹雪芹纪念馆和周边的草药园等景点，观察识别这里的植物。结合《红楼梦》，列举哪些植物是《红楼梦》里提及的，思考它们各自有什么特点？是代表某种人物性格、意象，还是具有一定的经济和药用价值？

展品信息

北京植物园具有丰富的植物资源，据统计现有红楼植物近140种。在这100多种红楼植物中既有喜闻乐见的牡丹、芍药、月季、木槿等常见植物，也有枸橼、箬竹等难得一见的植物品种。同时，在曹雪芹纪念馆前的药圃中还种有藿香、益母草等《红楼梦》中出现的草药植物。为了方便大家观赏，植物园的工作人员特别在这些植物的名牌上录入植物出自《红楼梦》中的哪些章回，让观众可以一边欣赏植物，一边回味经典名著内容。北京植物园因地制宜，将植物与文化良好融合，建立了一个以《红楼梦》中涉及的植物为专题展示的专类园。今后还将不断丰富植物种类，将这里打造成融科学、艺术、文化于一体的红楼植物园。

思 考 讨 论

1. 黄叶村里有哪些植物可以食用？有哪些植物属于药用植物？

2. 《红楼梦》中还有哪些你印象比较深刻的植物并没有出现在这里？那些植物能在黄叶村生长吗？

科学探究

探究花的重瓣现象

相信你在黄叶村及附近地区一定见到了很多重瓣（花瓣有多层）的花，比如木槿、海棠、月季、牡丹等，这些植物的花瓣为什么会有这么多层呢？它们的原生种是否也有这么多层花瓣呢？下面我们观察探究这个问题。

1. 观察木槿、海棠、月季、牡丹等植物的重瓣植物的花瓣，比较从外层到内层，花瓣的形态是如何变化的。

2. 观察内层花瓣，有没有发现花瓣上残留着疑似花粉一样的东西？

3. 查阅在线植物志，了解以上植物原生种的花瓣数目。

4. 对这些植物的重瓣现象做出合理的推测。

5. 查阅文献，验证你的推测。

温 馨 提 示

考虑到相关植物的花期，建议你在5—10月开展本观察活动。

思 考 讨 论

通过以上探究，你认为重瓣花多出来的那些花瓣可能是由什么结构发育而来的？这些结构为何会发育成花瓣？

科普阅读

名著遇到植物

《红楼梦》作为古代小说的集大成之作，几乎囊括了中国传统文化的所有要素，其特有的思想艺术魅力也吸引了一大批学者耗时耗力对其深入研究。曹雪芹是与莎士比亚相提并论的世界级文豪，他在北京西山完成了文学巨著《红楼梦》的写作。北京植物园内的曹雪芹纪念馆是中国最早，也是学界一致认可的与曹雪芹有直接关系的主题纪念馆，其周边有曹雪芹足迹所至的很多遗迹，以及清代旗营、满族、西山民俗、皇家园林、佛教圣地等多种历史文化遗存，是北京市的一张"文化名片"。

从植物学角度细品《红楼梦》，它便是一部植物文化与人类生活相结合的著作。内文对各种植物的描写，不仅更好地烘托故事情节，也精彩地展示出了中国传统植物文化的魅力。书中出现的植物涵盖98个科、196个属、240种，这些植物在小说中连接着剧中人物日常生活的方方面面，不仅生动描绘景致、暗示人物命运，还对故事情节发展起到推动作用。仔细剖析，植物在小说中从文学诗赋到医药、园林、饮食、宗教等方面，涉及生活的方方面面，从实用层面到文化层面都有涵盖和渗透。

你若细读该书，认真对比，可发现书中提到中药药材名称与现在药材名称几乎无异，如防风、荆芥、麻黄、黄芪等。由此可见，我国中医药文化通过长期实践逐步形成的一套完整的医学理论体系，中药材的名称、效用等相对完善。书中所写的桃、柳、桑、榆、萝卜、大豆、水稻等植物，亦是我们现代人生活中不可或缺的一部分。一部《红楼梦》，千古永流传。曹雪芹以他深刻、优美的笔触反映了丰富的人生社会。书中所描写的植物，分布范围从热带到温带，从陆地到海洋，从春夏到秋冬，我们不仅能感受到曹雪芹植物学素养之深厚，更加能感受到植物与人类的密切关系。据估计，全世界可食用的植物有75000种之多。自古以来，植物一直在默默地改善和美化着人类的生活环境。它几乎是环境中唯一的、第一级的生产者，人类赖以生存的全部粮食、蔬菜、水果等都是植物。我们应了解：绿色植物是人类赖以生存的必需品；绿色植物是维持生态平衡的支柱；绿色植物是地球的生命迹象！

触类旁通

绿色植物不仅给人类提供了食物和药物，而且对人类衣食住行各个方面都有贡献。比如我们穿的衣服，其布料的纤维很多都来自棉麻类植物；我们以前住的房子，很多的门窗、梁柱都是由木材制成的；实木和板材的家具，古代的车船也都是由木材制作的；我们学习、办公用纸都来自木材。在参观完黄叶村和周边植物后，你能说说这里面除食用和药用植物外，还有哪些植物可以为我们的生活提供资源？

黄叶村里的红楼植物

游览了黄叶村，观赏了周边的红楼植物，相信你已对那些与我们生活和文化相关的植物有了一定的认识。下面我们再来拓展一下视野！

选择题

一、选一选

1. 从以下红楼植物中，选出属于同一个科的植物

①紫藤　　②紫薇　　③梅花　　④丁香　　⑤海棠

⑥槐　　　⑦紫苏　　⑧荆芥　　⑨益母草　⑩连翘

蔷薇科：_____　　豆　科：_____

唇形科：_____　　木犀科：_____

2.《水浒传》与《红楼梦》同属于四大名著，不过其描写的是北宋年间的事情，以下红楼植物中，不可能出现在《水浒传》中人物所生活时代的有_____。

A．玫瑰　　　　　　　B．花生

C．南瓜　　　　　　　D．荔枝

非选择题

二、比一比

《红楼梦》中描述，大观园和怡红院中有玫瑰、月季和蔷薇等植物，这三种植物都属于蔷薇科蔷薇属，它们形态很相似，下面是三种植物的图片，请观察图片并结合之前实地观察，归纳一下三者的区别，填入下表中。

玫瑰（叶与花）

玫瑰（茎）

蔷薇（叶与花）　　　　　　　　　　蔷薇（茎）

月季（叶与花）　　　　　　　　　　月季（茎）

	叶	花	茎
玫瑰			
蔷薇			
月季			

开放性问题

三、想一想

　　游览了黄叶村，参观了曹雪芹纪念馆，你对《红楼梦》中植物的认识是不是更加深入了？对于《红楼梦》中的植物学，你还有感兴趣的问题吗？例如，《红楼梦》中植物的原产地，《红楼梦》中的香料植物、食用植物、药用植物，花的重瓣现象、植物的引种驯化等，请你查找文献资料或访谈专家，撰写一个研究报告。

四、我的天地 （日志、绘本、照片、手抄报等）

撰稿：伍　凯　陈红岩

花儿的传粉路数

聚焦问题

你见过核桃的花吗？核桃的花和桃花、玉兰花相比，如此不起眼，难以吸引昆虫，它是靠什么传粉的呢？

学习导图

课标要求 描述植物的有性生殖。

核心素养 结构与功能观、进化与适应观、归纳与概括、观察。

传粉方式

玉米花VS黄瓜花
北京教学植物园

核桃花VS桃花
中国科学院植物研究所北京植物园

毛白杨VS玉兰花
北京植物园

寻找证据

探究地点

中国科学院植物研究所北京植物园木本植物区。

展品信息

核桃

拉丁学名：*Juglans regia*

英 文 名：walnut

分　　类：双子叶植物纲、胡桃目、胡桃科、胡桃属

核桃，又称胡桃，为胡桃科胡桃属植物。高大乔木，单性花，雄花组成柔荑花序、下垂；雄蕊6～30枚；雌性穗状花序通常具1～3雌花，柱头羽毛状。果实为核果，具有坚硬的内果皮，种子可食。

桃

拉丁学名：*Amygdalus persica*

英 文 名：peach

分　　类：双子叶植物纲、蔷薇目、蔷薇科、桃属

桃是一种常见的栽培果树。乔木，高3～8米。叶披针形，单叶，互生。花为5瓣，雄蕊多数，雌蕊单一。由于桃有漫长的栽培历史，因此目前栽培的桃树有很多品种。其中一部分用于食用，另一部分用来观赏。食用桃类，花一般都是单层瓣（即5枚花瓣），雌雄蕊发育正常。而观赏桃类，相当一部分的花都是重瓣（花瓣有多层），雌雄蕊常常退化或部分退化。

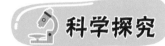

思 考 讨 论

1. 核桃和桃的花分别是依靠什么传粉的？你的判断依据是什么？

2. 你认为风媒花和虫媒花各自具有怎样的特点？你认为哪种花传粉效率更高？

科学探究

探究风媒花与虫媒花的区别

（1）观察判断：观察杨树、榛子、核桃、连翘、丁香、桃树、二月兰、樱花、地黄等早春植物的花，判断它们的传粉方式（此观察活动建议在3—4月开展）。

（2）观察比较以上植物花的结构，将风媒花与虫媒花的特点归纳，并填写在下表中。

	花瓣 （大小、颜色）	雄蕊花丝 （长短）	雄蕊花药 （大小）	雌蕊花柱 （长短）	雌蕊柱头 （形态）	花叶开放次序
风媒花						
虫媒花						

（3）采集部分植物的花粉，分别装入小自封袋中，带回生物实验室，使用光学显微镜进行观察，比较风媒花与虫媒花的花粉形态各有什么特点。

（4）查阅资料，进一步了解风媒花与虫媒花花粉的微形态，归纳二者的花粉形态的区别。

（5）夏秋季节继续观察其他植物类群，了解更多的植物传粉方式。

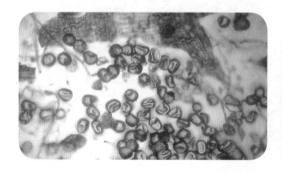
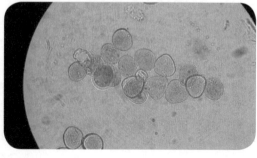

光学显微镜下的花粉形态

科普阅读

适应风媒传粉的核桃

传粉是种子植物受精的必要过程。传粉系统由3个部分组成：花粉、柱头和传粉媒介。根据传粉媒介的类型不同又可以分为生物传粉和非生物传粉。至今已发现的生物传粉的媒介包括昆虫、鸟类和哺乳动物。非生物传粉包括风媒传粉和水媒传粉，是较高的花粉损耗的传粉方式，在植物群中广泛地存在。有花植物的传粉主要分为3个过程：花粉从花药中生成释放的过程、花粉从父系结构（花药）向母系结构（柱头）传送的过程和花粉落到柱头并成功萌发的过程。

核桃，又称胡桃或羌桃，为胡桃科胡桃属植物，通过风媒传粉。核桃树一般为雌雄同株异花，偶有发现有雌雄同花现象，但雄花多不具备花药，不能散粉；也有的雌雄同序，但雌花多随雄花一起脱落。核桃雄花序长约10厘米，最长的可以达到30厘米以上，每个花序着生100朵左右的小花，多者可达180朵，每个花序可产约180万粒花粉或更多，总重0.3~0.5克。通常雄花序数量比雌花多7~8倍，可产生50亿~2000亿粒花粉，但其中约25%的花粉具有生活力。雄花春季萌动后，经12~15日，花序达一定长度，小花开始散粉，其顺序是由基部逐渐向顶端开放，散粉主要靠风力，风越大传粉距离越远，最远可达150米，2~3日传粉结束。

核桃的雌花为总状花序，在结果枝顶部着生。着生方式有单生、簇生或穗状着生；雌花没有花被，子房的外面合围着一个总苞，上部有萼片四裂。子房内有一直立胚珠，两层珠被，内珠被退化；子房上部有1个两裂的羽状柱头，表面可以产生大量分泌物，为花粉萌发提供了必需的营养基质。据观察，授粉后4小时左右，能在柱头上萌发出花粉管，进入柱头16小时后就可以进入子房组织，36小时后达到胚囊附近。双受精过程通常在授粉约3天后就可以完成。

核桃的雌花与雄花并不在同一时间开放，这种现象称为"雌雄异熟"。通常可分为三种类型，即"雌先型""雄先型"和"同期型"。农业生产上为保证产量，除种植"同期型"核桃外，还会把"雌先型""雄先型"混种。另外，核桃还会出现孤雌生殖的现象，有的品种雌花在雄花开放半个月后盛开，此时的雄花序早就枯干，但后来这些雄花早就干枯的核桃树却硕果累累……

触类旁通

玉兰的花大而美，是早春时节吸引昆虫的"大户"，然而早春时节，传粉昆虫并不活跃，使得玉米传粉和结实率较低。观察一下玉兰的结构，说说它的花是如何适应虫媒传粉的？你认为玉兰花的结构特点在被子植物中属于比较进化的，还是比较原始的？

花儿的传粉路数

在中国科学院植物研究所北京植物园见到千姿百态的花儿，相信你对植物界的多样性和传粉方式的巧妙性有了初步的了解。结合生活中的观察，我们继续来探究一些这方面的问题。

选择题

一、选一选

观察以下植物开花的图片，判断它们的传粉方式。

①竹子　　　　　　　　　　②一串红

③向日葵　　　　　　　　　④玉米（雄花）

⑤马铃薯　　　　　　　　　⑥水稻

属于风媒传粉的是＿＿＿＿＿＿＿；属于虫媒传粉的是＿＿＿＿＿＿＿。

非选择题

二、答一答

1. 下图是两种植物的花粉亚显微（电子显微镜下）形态，判断它们的传粉方式。

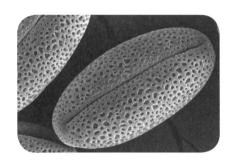 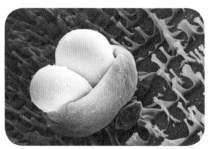

2. 从繁殖后代的效率和后代的生存能力角度分析，你认为风媒花与虫媒花各有何优劣？你认为风媒花与虫媒花哪种更进化？为什么？

开放性问题

三、想一想

其实有关花儿传粉的事情还有很多值得研究的，除风或昆虫外，是否还有其他媒介能帮助植物传粉呢？不同花粉的活力有何不同？花儿与传粉者之间是固定搭配吗？哪类植物的花与传粉者之间配合最默契呢？请你根据自己的兴趣，拟写一个小课题，查找文献资料或访谈专家，完成你的研究。

四、我的天地 　　（日志、绘本、照片、手抄报等）

撰稿：伍　凯　李青为

9 温室里的花木

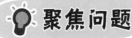
聚焦问题

你去过植物园的温室吗？你知道哪些生活在温室里的植物？这些植物与本地植物有何不同？它们为什么要生活在温室里？

学习导图

| 课标要求 | 认同生物与环境相互依赖、相互影响。 | 核心素养 | 进化与适应观、观察提问、归纳与概括。 |

热带植物

芦荟
世界花卉大观园

菩提树
中国科学院植物研究所北京植物园

鸡蛋花
北京植物园

寻找证据

🏛 **探究地点**

中国科学院植物研究所北京植物园。

参观中国科学院植物研究所北京植物园温室，寻访印度前总理尼赫鲁赠送给周恩来总理的菩提树，以及朱德司令赠送给植物园的西藏虎头兰，并认识温室中其他的热带植物。

🔖 **展品信息**

菩提树

拉丁学名：*Ficus religiosa*

英 文 名：banyan

分　　类：双子叶植物纲、荨麻目、桑科、榕属

菩提树是桑科榕属的常绿乔木，树干挺拔、枝叶繁茂，是热带地区著名的观赏树木。幼时可附生于其他树上，树高可达15~25米，胸径达30~50厘米；树皮灰色；叶革质互生，深绿色，叶边缘有浅绿色点状花纹，前端细长似尾，在植物学上被称作"滴水叶尖"，适应热带雨林气候。中国科学院植物研究所北京植物园温室中的这棵菩提树是印度前总理尼赫鲁访华时赠送给毛泽东主席和周恩来总理的国礼。

西藏虎头兰

拉丁学名：*Cymbidium tracyanum*

分　　类：单子叶植物纲、兰目、兰科、兰属

西藏虎头兰为附生植物，其花朵酷似虎头故得名。虎头兰叶4~8枚或更多，带形，长35~80厘米。花葶长45~60厘米，花序具7~14朵花，花有香气。苞片卵状三角形；

花瓣镰刀形，下弯并扭曲；萼片与花瓣呈绿或黄绿色，基部疏生深红色斑点或偶有淡红褐色晕；唇瓣呈白色或奶油黄色，侧裂片与中裂片有栗色斑点与斑纹；蒴果窄椭圆形，长9～11厘米。花期为每年1—4月。中国科学院植物研究所北京植物园温室中的西藏虎头兰是朱德司令于1969年赠给植物园的。

西藏虎头兰

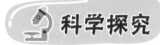
思 考 讨 论

1. 菩提树的形态有何特点？这与它生活的环境有何关系？

2. 温室里的植物与我们在室外见到的北京本土植物在形态上有何区别？这种差异跟它们的生活环境有什么关系？

科学探究

"光棍树"能否长出叶？

在中国科学院植物研究所北京植物园的温室里，有一种形态怪异的植物——光棍树。它的叶退化，但枝干为绿色，承担着光合作用的功能，这是对环境的一种适应。我们如果改变它们的生长环境，光棍树退化的叶是否还能再生呢？

（1）从花卉市场或者网上购买一盆光棍树（若没有光棍树，买竹节蓼也行，竹节蓼的叶也是退化的）。

（2）将其置于向阳通风的阳台上，每周给其浇2～3次水，每次浇透；冬季可增加浇水频次。

（3）一个月后，观察植物是否有叶片长出。

光棍树

思 考 讨 论

1. 你所养的植物是否有叶片长出？如果长出叶子说明什么问题？如果没有，可能是什么原因？

2. 光棍树的叶子为何退化呢？你能否从它的原产地环境上分析一下原因？

科普阅读

植物叶片对环境的适应

我们在旅行过程中不难发现，不同地方的植物形态结构差异往往比较大，叶形的变化尤为明显，这是植物适应当地环境的结果。植物需要从环境中获取光照、水分、无机盐，因此，植物必须得适应环境中这些因素，它才能生长得更好、繁殖得更多。

那么植物叶片都是如何去适应环境的？环境会对植物叶片造成怎样的改变呢？我们举几个方面的例子。

植物叶片对光的适应

植物需要光照提供能量，通过叶片的光合作用，产生有机物，为生长繁殖储备能量。因此，适应光照是植物的头等大事。不同环境中的光照强度往往是不同的，长期生活在阴面或者林下的植物，由于光照较弱，其叶片往往会比较大，而且薄；通过解剖发现，这些叶片的表皮细胞层数少，细胞壁薄，表皮表面缺少角质层。例如，天南星科植物海芋、唇形科植物糙苏等，都是典型的林下阔叶草本植物。

海芋

糙苏

　　叶片的这些特征一方面有利于其增大接受光照的面积，另一方面可以增加光的穿透力，让正在进行光合作用的叶肉细胞吸收到更多的光能。而长期生活在强光照下的植物恰恰相反，它们的叶片小而厚，表皮细胞层数多，细胞壁厚，且角质层发达，叶片表面往往还有绒毛。

植物叶片对水的适应

　　水是植物体内运输物质的载体，也是植物细胞内各种化学反应发生的条件和参与者，对于植物来说也是非常重要的。植物主要通过根系吸水，通过导管和管胞运送水分，通过叶片的气孔蒸腾和散失水分。长期生活在缺水环境中的植物，叶面积小，叶厚度增加，表皮细胞小，表面角质层和毛被发达。例如，生长在荒漠当中的藜科植物驼绒藜、豆科植物镰形棘豆等，都是叶片小而多毛。这些特征有利于反射阳光辐射，减少叶片表面空气流动，从而减少蒸腾作用造成的失水。

垫状驼绒藜

镰形棘豆

植物叶片对盐的适应

　　植物的生长离不开无机盐，但是土壤中过多的无机盐也容易导致植物失水而死。在高盐环境下生长的植物，其叶片往往比较肉质，呈椭圆形，且长有密集的绒毛，气孔下陷、孔径见小，表面的角质层较厚。例如，生长在高海拔盐碱地里的十字花科植物绵毛葶苈和藜科植物碱蓬等，都是这种叶形。这些特征与旱生植物有相似之处，其实都有利于植物减少水分蒸腾。

绵毛葶苈

植物叶片对温度的适应

高温下，植物蒸腾作用比较强，因此避免蒸腾失水过度是生长在高温环境下的植物首先要解决的问题。耐高温的植物，叶片一般较大、较厚，气孔密度增加，但是气孔孔径变小。这些特征都有利于减少蒸腾失水。例如，生长在热带地区的桑科榕属植物（如印度橡皮树），一般都具有厚实且革质的叶子。

低温下，防冻是第一位的。低温下生长的植物，叶片面积一般较小，表皮厚度、角质层厚度和叶肉细胞层数都明显增加，整个叶片呈现出小而厚的形态。生长在北温带的裸子植物，如落叶松、云杉等具有的针形叶，就是典型的防冻叶形。

东北落叶松

除以上环境因素外，CO_2浓度、土壤养分、天敌等生物或非生物因素都会对植物的叶形造成影响。另外，植物的花、果实和种子的形态受环境，特别是其他生物的影响也很大，表现出来的适应性更加有趣。你如果感兴趣，可以查阅这方面的资料。

触类旁通

北京植物园温室中的植物多来自热带或沙漠地区，其形态与我们当地的植物通常有比较明显的差别。在参观温室的过程中，可以思考一下，菩提树的叶子顶端为什么会有一个长长的尾尖？兰花的唇瓣是对什么的适应？虎头兰唇瓣上的紫红色斑点又起什么作用？沙漠植物都有哪些适应性特征？

温室里的花木

观察以下植物的照片，推测它们原产地的生活环境。

①哈氏榕

②苔藓状蚤缀

③某种附生蕨

④垫状点地梅

⑤昙花

⑥龙血树

⑦华北落叶松

⑧白桦

原产于热带雨林的是＿＿＿＿＿＿＿＿；原产于热带沙漠的是＿＿＿＿＿＿＿＿。

原产于北温带的是＿＿＿＿＿＿＿＿；原产于寒冷高原的是＿＿＿＿＿＿＿＿。

非选择题

二、答一答

下面是两种常见的常绿植物，比较它们叶的形态，说说其中哪种植物抗寒抗旱能力强？为什么？

油松

大叶黄杨（冬青卫矛）

开放性问题

三、想一想

参观了温室，相信你对热带植物有了基本的认识，对于植物与环境的关系也有了很多思考。对于植物与环境的关系、植物与环境的多样性，你是否还有更多想了解的问题呢？比如，热带雨林植物为什么容易出现"老茎生花"现象？高寒草甸植物为何普遍比较矮小？如何能让异域的植物适应本地的环境？请你根据自己感兴趣的问题，拟写一个研究课题，查找相关资料或者访谈专家，完成你的研究。

四、我的天地

（日志、绘本、照片、手抄报等）

撰稿：伍　凯　李青为

四体勤 五谷分

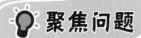聚焦问题

俗话说"四体不勤，五谷不分"，你知道"五谷"是哪五种作物吗？你知道它们长什么样吗？它们适合怎样的种植环境呢？

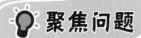学习导图

| 课标要求 | 概述植物的主要特征和它们与人类生活的关系。概述绿色植物为所有生物提供食物和能量。 | 核心素养 | 结构与功能观、物质与能量观、归纳与概括、观察。 |

五谷

五谷园
先农坛

五谷园
北京教学植物园

科普馆
北京植物园

🔍 寻找证据

🏛 探究地点

北京教学植物园五谷园。

观察园内种植的五谷和展示的五谷种子标本，了解它们所属的植物类群、种植条件和营养价值。

🏷 展品信息

稻

拉丁学名：*Oryza sativa*

英文名：Rice

分　　类：单子叶植物纲、禾本目、禾本科、稻属

五谷之首就是稻。稻子对于农民而言有一系列的优秀品质，比如它与小麦和大麦等作物比较起来，产量更大；它的种子所含水分较少，这使得干燥起来就很容易，而且便于长期储存；坚硬的种子抗损能力也很强，易于运输。

稻子绝大多数的品种都生长在水田中，但并不是全部都这样。北京教学植物园中所种植的稻品种主要就是旱稻，它们基本上不需要表层有水，可以很好地适应北方干燥的气候。

黍

拉丁学名：*Panicum miliaceum*

英文名：broomcorn millet

分　　类：单子叶植物纲、禾本目、禾本科、黍属

　　黍，又被称为黄米，最早起源于中国华北地区，虽然在谷物生产中所占比例不高，但分布范围较广，在东南亚、东欧、非洲部分地区占有一定的地位。

　　黍的种子煮熟后有黏性，还可以用来做糕，现在山西等地的黄米糕还是用黍来制作的。

稷

拉 丁 学 名：*Setaria italica*

英 文 名：foxtail millet

分　　类：单子叶植物纲、禾本目、禾本科、狗尾草属

　　稷，古称禾、谷、粟或谷子，成品被称为小米。无论从中国考古文物中，还是在古代文献记载上，都能看出稷这种栽培作物，一直贯穿于中华民族的整个历史。这一点可以从"禾""谷"二字常被用作主要粮食作物的通称得到印证。稷的起源中心在中国北方，在春秋、战国时期是首要的粮食作物，直到隋唐时水稻生产发展之后，稷在全国粮食生产中的地位才有所下降，但在北方地区仍占有重要的地位，是农民的主要粮食来源之一。

麦

拉 丁 学 名：*Triticum aestivum*

英 文 名：Wheat

分　　类：单子叶植物亚纲、禾本目、禾本科、小麦属

　　麦，即小麦，是人类历史上第一种被当作食物而种植的野生植物，启动了人类文明飞速行驶的列车。小麦由汉朝使臣张骞从丝绸之路引入我国。截至20世纪末，小麦的年产量超过了6亿吨，在世界重要作物中占据一席之地。

小麦籽粒的稃片顶端常延伸形成芒，芒对籽粒发育和灌浆有显著的影响，有实验曾将抽穗后的小麦进行去芒处理，结果发现粒数和粒重都有所下降。

菽

英文名：bean

分 类：双子叶植物亚纲、豆目、豆科

同五谷中其他几类植物不同，"菽"并不特指某一种植物，而是一类植物的集合，包括大豆、蚕豆、豌豆、绿豆、红小豆、芸豆等。出处可见——《说文》"尗，豆也。"；朱骏声《说文通训定声》："尗，古谓之尗，汉谓之豆，今字作菽。菽者，众豆之总名。" 豆类的经济价值较高，其中多数种类的种子含有丰富的蛋白质，是人类和牲畜蛋白质营养的重要来源。

思考讨论

1. 五谷中，哪些属于单子叶植物？哪些属于双子叶植物？
2. 不同的五谷种子中所含的营养成分有何不同？

科学探究

观察五谷种子的萌发和幼苗的生长。

1．从网上或市场购买水稻、小麦、大豆、黍子和谷子的种子，以当年新鲜种子为佳。

2．取五个花盆，分别装入透气性好的沙土（砾石、珍珠岩也可），浇透水。

思考讨论

不同作物出土时幼苗的形态有何差别？你能否根据幼苗形态判断是哪种作物？

3．将五种植物的种子分别均匀撒在五个花盆的沙土上面。

4．在种子上撒上一层（1厘米厚）干沙土，将花盆置于温暖通风处。

5．每天向花盆中补充适量的水，保持花盆中土壤的湿润。

6．定期观察种子的萌发和幼苗出土过程，并拍照记录。比较不同作物种子出土时幼苗的形态。

科普阅读

识五谷，知农业

"稷、麦、稻、黍、菽"，五个平仄抑扬的汉字，可以轻唤出五种美好而珍贵的植物，它们有一个厚重而平实的称谓：五谷。

"稷"是温厚的小米，能在北方的旱地里顽强地生长，一如隐忍的母亲，养育了第一批稚拙的先民；"麦"是茁壮的小麦，青青的幼苗可以战胜冬天的风雪，在青黄不接的春天提供弥足珍贵的食源；"稻"是润白的大米，一年中可多季成熟，不断创造出高产的奇迹；"黍"是软糯的大黄米，古人用它酿造出醇香的美酒，亦能加工成各种美味的主食；"菽"是营养丰富的大豆，长长的豆秧缠绕着枯黄的茎秆，在不起眼的角落给人们增添一份额外的收获。

千百年来，五谷一季一季地生息繁荣，一茬一茬地成熟收获，孕育出的每一粒种子，都是五千年中华文明生生不息的源泉。《孟子》记载：后稷教民稼穑，树艺五谷，五谷熟而民人育。虽然从单位热量上讲，五谷算不上最理想的食物，但其性温和、其味淡远、其生产最为经济节约，在有限的空间里，能够给予更多生命以生存的权利。人类学者说，中国人拥有世界最高大的山峰、最低矮的盆地，有数不清的食用资源可供选择，但他们最终选择了营养适度但产量极高的五谷，正好印证了他们性格中那一抹最纯洁的底色：仁爱。

与植物学家一起剥开一粒谷物的种子，便可以感受到那份特有的中国情怀。

最外层的种皮细腻而结实，主要由纤维素与半纤维素组成，也含有少量的蛋白质、脂肪、维生素，以及较多的无机盐，它们自有独特的使用价值，或者制成饲料，或者变成绿肥，或者变成松软的填充物，从来不会被轻易浪费。

种皮之下的糊粉层含有较多的磷、丰富的B族维生素与无机盐，这部分营养在加工的过程中常常汇集到糠麸中，成为穷人充饥的食粮，或是家畜优质的饲料。

最内层肥厚的胚乳或子叶是储存营养的主要部分，含有丰富的淀粉与蛋白质，外加少量脂肪、无机盐、维生素与纤维素，这种均衡的搭配，使得五谷相对于其他食物，具有低脂肪、无胆固醇、高膳食纤维、能量持久释放等特点。

最后，还有谷粒顶端柔韧甜美的胚芽，其富含脂肪、蛋白质、无机盐、B族维生素与维生素E，在缺少甘蔗的古代，便是制作麦芽糖的原料，即便在物质最匮乏的时代，也可以给孩子们留下一个个甜甜的惊喜。

社会学家计算得出，迄今为止依靠农业为生的人口约500代，依靠工业为生的人口约10代，依靠深加工食品与快餐食品为生的人口只有2代——我们的基因，仍旧按照以往的程序运行；我们的身体，依旧渴望着五谷质朴的芳香；谦逊儒雅的中国人，始终要回到五谷田园温暖的怀抱……

触类旁通

其实我们现在的粮食作物远不止五谷了，玉米、马铃薯（土豆）、红薯这些外来作物也陆续成为中国人的粮食作物。同样的，像辣椒、胡萝卜、西红柿等蔬菜也不是我国的原产植物，但如今都成为我们餐桌上最常见的菜品。你知道这些外来作物的原产地在哪里吗？它们又是何时传入中国的呢？它们为何能在中国广泛栽培呢？请你选择一种或几种外来作物，查询资料，解答这些问题。

四体勤　五谷分

参观了五谷园，相信你对我国传统粮食作物已经有了基本的认识。下面我们来通过一些问题，考验一下你对粮食作物的认识程度吧！

选择题

一、选一选

1. 以下植物中，属于五谷的是_____：

①　　　　　　　　　②

③　　　　　　　　　④

⑤　　　　　　　　⑥　　　　　　　　⑦

2．下图分别是稷（谷子）与狗尾草的照片，观察二者形态上的异同，对于下列说法，你认为不合理的是（　　）

A．谷子的穗和种子比狗尾草的大，更适合作为粮食作物

B．从二者的形态上看，谷子和狗尾草可能是具有共同祖先的近亲

C．谷子可能是人类从狗尾草的祖先中长期驯化而来的

D．谷子和狗尾草形态上的差别是由于各自生长环境不同造成的

非选择题

二、连一连

将下列粮食和蔬菜与其食用部位所对应的器官用线连接起来。

大豆	根
红薯	茎
萝卜	叶
玉米	花
马铃薯	果实
白菜	种子
黄瓜	

开放性问题

三、想一想

五谷只是我国几种传统的粮食作物，几百年来，随着世界各地农作物交流增加，我们的粮食作物种类也大大增加。比如玉米、红薯等，都是从国外引进的。随着世界人口的不断增加，粮食问题可能会越来越严峻。你能否从高产粮食品种的培育、新粮食作物的开发等角度，为世界粮食安全出谋划策？请你根据自己的想法，查找文献资料或访谈专家，撰写一个研究报告。

四、我的天地　（日志、绘本、照片、手抄报等）

撰稿：伍　凯　陈红岩

叶子为什么那么红？

 聚焦问题

从小我们就听说了"香山红叶"景观，香山为什么会有那么多红叶？哪些植物的叶子会变红？为什么会变红呢？

 学习导图

课标要求 阐明绿色植物的光合作用。

核心素养 结构与功能观、物质与能量观、归纳与概括、观察、实验设计。

彩叶植物

白桦、橡树
喇叭沟门

黄栌、元宝枫
香山公园

银杏
钓鱼台

233

寻找证据

🏛 探究地点

香山公园静宜园等处。

展品信息

黄栌

拉丁学名：*Cotinus coggygria Scop*

英 文 名：Smoke tree

分　　类：双子叶植物纲、无患子目、漆树科、黄栌属

黄栌为小乔木，常呈灌木状。叶倒卵形或卵圆形，顶端圆钝。圆锥花序，被柔毛，花小，果肾形。木材黄色，古代作黄色染料。树皮和叶可提栲胶。叶含芳香油，为调香原料。嫩芽可炸食。叶秋季变红，美观，是构成北京"香山红叶"的主要树种。

香山红叶除黄栌外，还有火炬树、元宝枫、鸡爪槭等。

思 考 讨 论

1. 香山红叶主要由哪些植物构成，它们分别属于哪些科？

2. 为什么这些植物秋天叶子会变红？

科学探究

探究不同颜色叶片中的色素含量

香山红叶也是由绿叶转变而来的，变红的叶中是否还含有叶绿素呢？红叶与绿叶中的色素种类和含量有何区别呢？下面我们来通过实验探究一下。

1. 采集黄栌的红叶和绿叶、银杏的黄叶和绿叶。

2．将叶片带回学校生物实验室，每种叶片各取5克，分别剪碎，各加入适量的二氧化硅和碳酸钠粉末，再加入少量的无水乙醇，在研钵中研磨成匀浆。

3．取一支白色粉笔，将粉笔的一端立在匀浆中。

20分钟后，观察粉笔上的色素带的种类、颜色的深浅和色素带的宽窄。

4．将无水乙醇换成蒸馏水，重复实验。

比较同种植物不同颜色叶片的两次实验结果，说说叶片变色后，色素种类与含量发生了什么变化。

科普阅读

叶片变色的原因

秋天变红的树叶成为这个季节最亮丽的风景。唐代的杜牧有诗云："停车坐爱枫林晚，霜叶红于二月花。"可见，红叶的观赏价值并不亚于鲜艳的花朵。为什么很多树叶在秋天会变红呢？科学家很早就开始了对叶片变色机理的研究。

叶片变色有其自身的原因（内因），也受环境的影响（外因）。

先说说植物叶片变色的原理。植物叶片细胞中的色素通常有叶绿素、类胡萝卜素和花青素三大类。叶绿素通常包括叶绿素a和叶绿素b，它们主要吸收太阳光中的红光和蓝紫光，基本不吸收绿光，导致太阳光中的绿光被叶片反射回来，故而能让叶片显绿色。类胡萝卜素包括胡萝卜素和叶黄素，它们主要吸收的是蓝紫光，对橙、黄色光吸收较少，因而它们会让叶片呈橙色或黄色。花青素的种类较多，由于各自吸光性不同，加上环境中酸碱度不同，而呈现出粉、紫、红、蓝等不同颜色。

由于叶片中同时含有多种色素，因此叶片的颜色会受各种色素含量的综合影响。对于叶片中色素的含量与叶片颜色的关系，科学家进行了广泛的研究。有科学家研究了几种不同的紫薇叶片在秋天叶片变色过程中，叶肉细胞各种色素的相对含量，得到了以下数据。

从图中不难看出，在紫薇叶片变色期间，其叶肉细胞中的叶绿素含量逐渐降低，类胡萝卜素含量整体呈下降趋势，而花青素含量则呈现出不同程度的上升趋势。

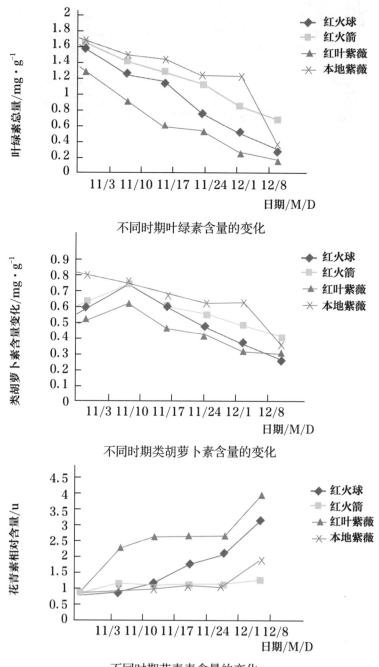

不同时期叶绿素含量的变化

不同时期类胡萝卜素含量的变化

不同时期花青素含量的变化

注：红火球、红火箭、红叶紫薇均为引种的美国紫薇，秋天叶片会由绿色变成不同程度的红色；本地紫薇的叶在秋天则由绿色变成橙黄色。

由于不同物种细胞中的色素含量存在差异，因此科学家又比较了这4种紫薇细胞中这三类色素的相对含量（即每类色素占三类色素总量的比例），得到以下结果。

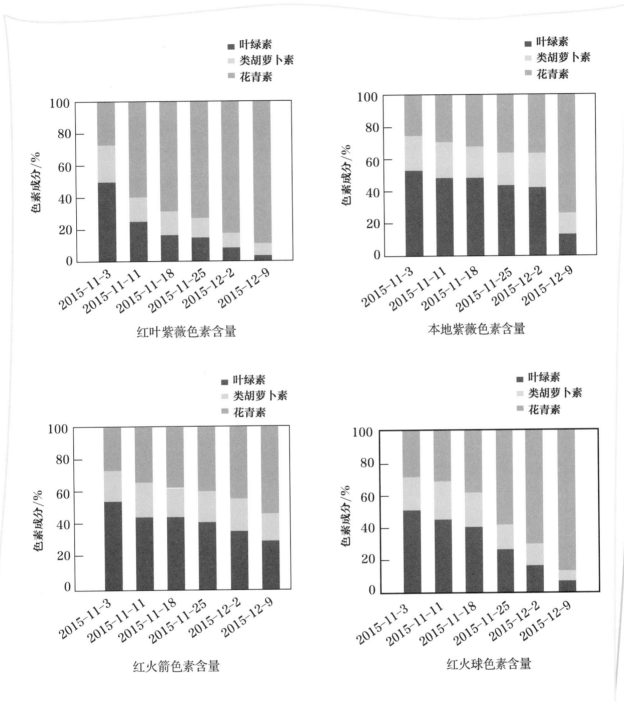

红叶紫薇色素含量

本地紫薇色素含量

红火箭色素含量

红火球色素含量

从图中不难发现，随着时间的推移，4种植物细胞中的色素相对含量变化趋势惊人的一致：花青素的比例逐渐上升，叶绿素和类胡萝卜素的比例逐渐下降，其中花青素和叶绿素的变化较为明显。而这与科学家在田间观察到的叶色变红一致：随着时间的推移和温度的降低，三种美国紫薇叶片逐渐变成不同程度的红色，而本地紫薇则变成橙黄色。通过此研究，我们可以看出，叶片细胞中色素的相对含量的变化是叶片变色的内部机理。

那么，为什么这些色素的相对含量会发生变化呢？这就涉及影响色素含量的外部因素了。研究发现，花青素的合成受光照影响，光越强，花青素的积累量越高。蓝光和紫外光是影响促进花青素合成的有效光质。光照强度、光质、光照时间通过调节花青素的合成和花青素有关酶的活性来影响叶色的变红。例如，红桑、南天竹等叶片的叶绿素在弱光下合成的多，在强光条件下一部分叶绿素被破坏，由胡萝卜素取而代之，因此这些植物在强光下变橙、变红。有研究发现，有的金叶植物如果进行部分遮光，一周左右叶片能重新变绿。

另外，温度对花青素的合成影响也较大。一般来说，低温有助于花青素的合成，而不利于叶绿素的合成。另外，由于花青素的合成与糖分的含量有关，因此昼夜温差较大的地区，有利于植物细胞中的糖分积累，也有利于花青素的合成，更容易形成红叶。例如，北京地区的黄栌（香山红叶的主要树种）生长在河南南部就没有北京地区鲜艳。

此外，土壤pH值、矿质元素含量等因素也会影响叶片的颜色。

基于以上原理，园艺工作人员可以通过改变植物的生长环境促进叶片变红。当然，现在通过基因工程和诱变等手段，也可以培育出一些叶片常年呈红色或黄色的彩叶植物，让我们一年四季都能欣赏到色彩缤纷的树叶。

触类旁通

不同地区的红叶植物不尽相同，在一定程度上反映出不同红叶植物所适应的环境的不同。不过很多地方的红叶植物是从外地乃至国外引种栽培的，所以这些引种的植物有些不仅能适应本地的环境，甚至还对本地植物构成了威胁。你认为在引种观赏植物的时候，应该注意哪些问题？如果引种的植物对本地植物构成了威胁，我们该怎么办？

叶子为什么那么红？

观赏了不同景区的红叶和黄叶，相信你对彩叶植物及变色的原因已经有了初步的了解。下面我们通过一些小任务来巩固一下对相关知识的认识吧。

一、选一选

1. 下列彩叶植物中，属于一个科的是_____。
①黄栌　②元宝枫　③红枫　　④复叶槭　⑤银杏
⑥白桦　⑦橡树　　⑧金叶国槐　⑨火炬树　⑩爬山虎
2. 下列因素中与叶子变红没有直接关系的是（　　　）。
A. 温度　B. 光照　　C. 酸碱度　　D. 经纬度

非选择题

二、答一答

唐代诗人杜牧曾经写下"停车坐爱枫林晚，霜叶红于二月花"的名句，该诗是作者游览长沙岳麓山所作。诗中说的枫林指枫香树林，对比下面的图片，你能说说枫香和我们常见的元宝枫有哪些区别吗？你认为它和元宝枫属于同一科吗？

枫香

元宝枫

开放性问题

三、想一想

认识了这么多的彩叶植物，你对叶子变色的问题是否还有什么疑问呢？例如，叶子只会在秋天变红吗？哪些植物的叶子长得像花？你能从进化和适应的角度解释这些叶子变色的原因吗？请你根据自己的问题，查找文献资料或访谈专家，撰写一个研究报告。

四、我的天地

（日志、绘本、照片、手抄报等）

撰稿：伍　凯

北京动物园

1 草原之王VS森林之王
——狮和虎

 聚焦问题

    食肉目猫科动物是地球现存的顶级捕食者，生活在草原的狮子和生活在森林的虎更是其中的佼佼者。那么它们是如何捕食的呢？让我们走进狮和虎的世界，了解它们的身体结构和捕食策略。

 学习导图

 课标要求 说明动物的运动依赖于一定的结构，说明保护生物多样性的重要意义。

 核心素养 结构与功能观、进化与适应观、整体与局部观。

猫科动物

金钱豹
北京动物园

虎
北京动物园

狮

雪豹标本
北京自然博物馆

🔍 寻找证据

🏛 探究地点

北京动物园狮虎山。

🏷 展品信息

{ 狮子 }

食肉目，猫科。有5个亚种，分别为安哥拉狮、亚洲狮、马赛狮、塞内加尔狮、德兰士瓦狮。

主要分布于撒哈拉以南到南非，印度古吉拉特邦的吉尔国家森林公园有零星分布。栖息地比较广，范围从东非的热带或亚热带稀树草原到位于非洲南部的喀拉哈里沙漠。

主要捕食有蹄类哺乳动物，如瞪羚、斑马、羚、长颈鹿、野猪，还有大型哺乳动物的幼崽，如幼象、幼犀牛，有时也会捕食一些小的啮齿动物、兔、鸟类、爬行动物等。野生狮子的寿命约18年，人工圈养的则能够活25年左右。

{ 虎 }

食肉目，猫科。虎家族曾经有8个亚种，但受偷猎和栖息地的破坏等人类活动的影响，现在有3个亚种（巴厘虎、爪哇虎、里海虎）已经灭绝，剩下的5个亚种（华南虎、印度支那虎、东北虎、苏门答腊虎和孟加拉虎）也濒临灭绝。

分布于印度、东南亚、中国、俄罗斯的远东地区。栖息地极其广泛，范围从中亚的芦苇地到东南亚的热带雨林，再到俄罗斯远东地区的温带落叶、针叶林。

主要捕食大型有蹄类动物，如各种野鹿、野牛、野猪等，有时也捕食比较小的猎物，如猴子、獾，甚至还会捕捉鱼类为食。在尼泊尔皇家吉特湾国家公园里一头野生老虎曾经活到了15年，动物园里人工喂养的老虎寿命最长可达26岁。

思 考 讨 论

1. 狮与虎同属猫科动物，它们有何异同？
2. 如何更好地去保护狮和虎？

🔬 科学实践

观察是科学探究的一种基本方法。科学观察可以直接用肉眼观察，也可以借助放大镜、显微镜、望远镜等仪器，或利用照相机、摄像机、录音机等工具观察，有时还需要测量。科学观察不同于一般的观察，要有明确的目的。观察要全面、细致和实事求是，并及时记录下来。对于需要较长时间的观察，要有计划和耐心。观察时要积极思考，多问几个"为什么"。在观察的基础之上，还需要同别人交流看法，进行讨论。

对看上去相似的生物，要注意观察它们的不同之处。对看上去差别明显的生物，要注意观察它们的相同之处。

观察狮与虎的特点，找出异同，完成下表。

观察内容	狮	虎
体形（体长）		
体色		
是否有斑纹（斑纹形状）		
头部形状、比例		
耳郭形状		
眼睛位置		
瞳孔特点		
吻部特征		
胡须特征		
牙齿分化		
脚趾数量		
尾部特点		
雌雄有无差异		
是否群居		
行为观察与记录		
其他		

科普阅读

　　和其他猫科动物一样，狮子也有一副柔韧、强壮、胸部厚实的身体。它们有短而坚硬的头骨和下颚，这可以帮助它们更好地捕食猎物。它们的舌头上长有很多坚硬的、向里弯曲的突起物，这非常有利于进食和梳理皮毛。它们寻觅猎物主要靠视觉和听觉。也许是因为雄狮之间要争夺配偶的缘故，和大多数猫科动物一样，成年雄狮要比成年雌狮重30%～50%，外形上也更大。在奔跑的时候，速度能够达到58千米/小时，但它们要捕捉的猎物的速度却能够达到80千米/小时，因此，它们需要悄悄地接近猎物，隐藏在距猎物15米的范围内，然后再突然冲出，抓住或拍击猎物的侧身。狮子捕猎的成功率平均只有25%。它们先把猎物击倒，然后再咬紧猎物口鼻部或脖子，使其窒息而死。

　　在所有猫科动物中，狮子是最具有社会行为的，狮群就是一个小型的社会。最典型的狮群，一般有3～10头成年雌狮、一些需要雌狮照料的幼狮，以及2～3头成年雄狮。雄狮和雌狮都会保护它们的领地。当遇到另外一群狮子入侵的时候，狮子会保持长时间的合作，它们一般通过倾听叫声来接近同性入侵者。雄狮在外围保护自己的群体，而雌狮则保护领地的核心区域并与外来群体内的雌狮进行战斗。雄狮通过吼叫、撒尿做标记和巡逻来维护领地，同时负有保护狮群的责任。

　　老虎和其他的大型猫科动物一样，要靠捕猎才能生存下去，而这些猎物往往比老虎本身的块头还要大。老虎的前肢短而粗，有着长长的锋利的爪子，而且这些爪子是可以收缩的，一旦老虎"看上"了一只大型的猎物，这些结构特点就能保证它把猎物捕获。

　　狮子和猎豹的栖息地比较开阔，没有厚密的树林，所以它们在捕猎的时候，不会过度地隐蔽自己，老虎则不同，它们是最善于隐蔽自己和埋伏捕猎的肉食动物。在环境相对狭小而猎物又相对分散的情况下，老虎捕猎很少合作，所以，老虎的社会体系相对松散。虽然它们相互之间保持着联系，但个体之间的距离却比较遥远。

　　对老虎来说，在保住自己领地的过程中潜藏着危险，即便打赢了也可能受伤，甚至有失去捕猎能力的可能，最终导致饿死。因此，老虎会留下标记，暗示其他老虎这个地方已经有主人了，以尽量减少无谓的"战争"。其中一种标记是尿液（其实是混合了肛门附近的腺体分泌物），老虎把这种混合液撒在树上、灌木丛里和岩层表面等处；还有一种标记是粪便和擦痕，老虎把它们留在常走的路上和领地中相对明显的地方。这些标记的作用可能是告诉其他老虎，这个地方已经有主人了，也可能是传递另外一些信息，如其他老虎可以通过这种气味辨别出这是哪一只老虎留下来的。通常，当一只老虎已经死亡而不能再继续拥有那块地盘的时候，另一只老虎会在短短的几天或几个星期之内占领这块已经没有主人的地盘，并释放出某种气味信号。

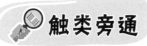 触类旁通

　　雪豹生活在高海拔地区，出没于雪线附近和雪地中，因此被称为"雪豹"。雪豹昼伏夜出，生性机警，身手矫捷，和很多猫科动物一样都是独行侠，再加上本来就生活在人迹罕至的地方，因此，人类对雪豹的了解仍然十分有限。据估计，全世界的雪豹有4500～7000只，而有效繁殖种群的数量可能只有2500只。我国是雪豹栖息地面积最大、数量最多的国家，雪豹在我国是一级保护动物。雪豹体长一般为1～1.3米（不含尾巴），肩高约60厘米，体重为23～41千克，体形和花豹相当，但看起来明显比花豹蓬松。雪豹皮毛的底色为灰白色，体侧布满深色的斑点，在脊背处则是条纹。雪豹主要以大型高原动物为食，如岩羊、北山羊、盘羊等，也捕食小型动物和鸟类。

草原之王VS森林之王——狮和虎

一、选一选

1. 以下关于狮和虎的描述中，不正确的是（　　）

A. 狮子和虎犬齿发达，这与肉食这种特性相适应

B. 雄狮具有漂亮的鬃毛，其主要作用是用来求偶

C. 不同地区的虎存在差异，这是自然选择的结果

D. 虎体型过大，行动不灵活，很难捕捉到猎物

2. 关于狮与虎的保护，以下做法不正确的是（　　）

A. 建立自然保护区，以求系统科学地进行相关保护

B. 出台相关法规，禁止偷猎偷盗，减少人为伤害

C. 在中俄边境建立围栏，阻止西伯利亚虎进入俄罗斯

D. 不仅要保护动物，还要保护它们所属的生态系统

二、填一填

猫科动物捕食策略

形态结构特点	生物学意义
身上有许多的斑点	
眼睛长在正面，视觉发达	
运动系统发达，擅长攀爬和跳跃	
心脏比重大，爆发力强	
犬齿发达，咬合力强	
爪子锋利，可收回肉垫内	

尝试总结猫科动物捕食方法：

_____

_____

开放性问题

三、想一想

牛津大学等研究机构在伦敦动物学会联合发布的文章显示，在过去的20多年里，受人类活动的影响，非洲狮的数量正在快速下降。除非得到切实有效的保护，否则它们可能很快就会从非洲大陆很多地区消失。

除南部非洲以外，在西部非洲、中部非洲和东部非洲的狮子数量都在很快下降，按照这个趋势，很可能在未来的20年内，非洲狮数量会再减少50％。不仅如此，未来还会有更多地区的狮子完全消失，特别是在西部非洲和中部非洲。

据调查，狮子数量下降的主要原因有四个：一是栖息地的丧失，二是食物（食草动物）的缺乏，三是人类对狮子的杀戮（包括人狮冲突和运动狩猎），四是人类对狮骨的需求。

尽管很难对现存非洲狮的数量做一个准确的测算，但最乐观的估计也少于3万只。在IUCN（世界自然保护联盟）红色名录中，狮子这个物种目前的生存状况处于"脆弱的"状态，即野外高风险濒危状态。

非洲草原王者的命运何去何从？请你就非洲狮的保护提出合理化建议。

四、我的天地　（日志、绘本、照片、手抄报等）

撰稿：董　鹏　邓　晶

2 聪明的巨人 ——象

🔍 聚焦问题

你知道吗？象是现存的最大的陆生哺乳动物，标志性的象牙与象鼻是它们赖以生存的重要结构。其实象的脑容量很大，它们也十分聪明并富有情感，那么我们如何才能知晓大象有哪些聪明才智呢？

✏️ 学习导图

课标要求：认同生物与环境相互依赖、相互影响，说明保护生物多样性的重要意义。

核心素养：结构与功能观、进化与适应观、社会责任。

聪明的大象

海豚
北京动物园海洋馆

象馆
北京动物园

黄河象标本
北京自然博物馆

🔍 寻找证据

🏛 探究地点

北京动物园象馆。

📋 展品信息

象，哺乳动物纲长鼻目象科。现今只有亚洲象和非洲象，而非洲象又分为非洲草原象与非洲森林象。

象从某些方面讲是地球上最聪明的动物。它们的大脑重5千克，远远超过任何其他陆地动物的大脑重量。它们的大脑比大多数动物有更复杂的褶皱，这成为象有高智商的一个主要因素。它们具有悲伤、同情、高兴等多种情绪，具有一定的自我意识和合作意识，有使用工具等极强的学习能力。

象鼻中有超过40000块肌肉，这使得它们的鼻子非常灵活，类似章鱼的触手。大象可以在鼻子里装16升水，相当于常用饮水机的一桶水。象一天中有16小时忙于进食各种植物。每天吃掉140~270千克的食物，喝掉190升水。

雌象有22个月的孕期，比世界上任何其他动物的孕期都长。新生小象在出生后不久就能站立。雌象可以持续生育直至大约50岁，一般每隔2年半到4年产下一仔，双胞胎在象中极少见。

思 考 讨 论

聪明的大象都有哪些行为呢？

🔬 科学实践

（1）北京动物园在象馆内设计了许多小设施，来帮助象展示更多天性与行为。就让我们借助这些设施来观察象的行为，分析这些行为对象的意义。

设施	象的行为	使用频率	对象的意义
泥塘			
水塘			
轮胎			
树干			
喂食器			

总结：

_____

_____

_____

_____

你对于象馆的布局还有哪些建议？

_____

_____

_____

_____

（2）推测是根据已知的事物，通过思维活动，对未知事物的真相提出一定的看法。科学的推测需要有一定的证据做基础，凭空想象往往是站不住脚的。科学推测还需要有严密的逻辑，也需要丰富的联想和想象。

许多个体之间都能进行信息交流，象与象之间是怎样进行信息交流的呢？通过你的观察来验证你的推测。

你看到的现象：_____。

你的推测：_____。

你的证据：_____。

你的结论：_____。

科普阅读

　　象是最大的陆地动物。象在野外的平均寿命为50～70年，世界上已知最长寿的一头象活了82年。象是少数不会奔跑也不能跳跃的四足动物之一。一头大象平均每24小时只睡2小时。

　　象的长牙能长到90千克重，3米长，主要成分为牙本质，和骨头的成分相似。非洲森林象是森林的"守护神"，它们能帮助其他动物改变水源，将水引导到各处。它们可以用象牙很快地挖出一个水坑，在旱季这对象和其他动物都非常重要。通常象的一只牙比另一只短。这是因为短的那一边的牙被使用得较多，就像人有左撇子和右撇子一样，相信象也对"优势牙"有偏爱。象的长鼻子有很多作用，除基本的饮水与吃东西之外，也在情感交流时使用，相当于灵长目的手的作用。它们会用长鼻互相抚摸，涉水时用鼻子当呼吸器。它们的鼻子非常有力量且精细，可以卷起一头犀牛，同时也能捡起掉在地上的半个苹果。

　　象在生气的时候，会故意扬尘并把大耳朵竖起来，显示出一种攻击的姿态。保护幼象时，不离左右，显示出母爱、爱怜的情绪。悲伤的时候，它们会稍微远离群体，独立吊唁。象的眼睫毛很长，并在特定时候会像人类一样哭泣。在遇到新鲜事物的时候，也会好奇地围观，一探究竟。

　　雌象集群生活，一群大约10只，由最有经验的雌象领导，而雄象通常都是独居，在群体间游荡。每个象群里的雌象会互相帮助寻找食物和照顾小象。它们睡觉时也站着，这是因为它们笔直的腿给予了出色的支持。象群内或象群之间使用声音沟通，这种声音很低，人类不易察觉，但是对于象而言，即使相隔数千米，这种沟通依然有效。此外，跺脚也是一种沟通方式。大象的协同能力被认为与黑猩猩相同或相似。象群被认为是非常紧密的社群之一，一只雌象只有在它死亡或者被人类捕获时才会离群。雄象在长到青少年时会离开群体，大约在12岁的时候，生活在临时的"单身汉群"中，直到它们成熟并独自生活。

　　在非洲，每15分钟就会有一头大象因为象牙贸易而被杀害。非法的盗猎者，往往在夺取象牙的同时夺取象的生命。"没有买卖，就没有杀害。"让我们一起呼吁停止象牙贸易，禁止购买象牙制品。

触类旁通

　　海豚是小到中等尺寸的鲸类。体长为1.5~10米，体重50~7000千克。雄性通常比雌性大。多数海豚头部特征显著，由于透镜状脂肪的存在，喙前额头隆起，又称"额隆"，此类构造有助于聚集回声定位和觅食发出的声音。海豚有一个发达的大脑，而且沟回很多，智力发达。一头成年海豚的脑均重为1.6千克，人的脑均重约为1.5千克，而猩猩的脑均重尚不足0.25千克。从绝对重量看，海豚为第一位，但从脑重与体重之比看，人脑占体重约2.1%，海豚约1.17%，猩猩只占0.7%。据统计，猩猩要经过几百次的训练才能学会的技艺，海豚却只要二十几次就能学会。如海豚和黑猩猩都学会了一种技艺，中断一段时间后，黑猩猩就不会这种技艺了，但海豚却不会忘记。

聪明的巨人——象

一、选一选

1. 以下说法不正确的是（   ）

A. 象的神经系统和感觉器官发达，记忆力强

B. 象牙只有两个，且长在牙床上，用于防御

C. 象鼻肌肉发达，除呼吸喝水，也可抓取物品

D. 象会在身上涂抹泥层，以防止蚊虫的叮咬

2. 关于非洲草原象生活的非洲草原，说法不正确的是（   ）

A. 非洲草原可以看作生态系统，具有一定的自我调节能力

B. 非洲草原象以植物为食，是消费者，与长颈鹿是竞争关系

C. 狮子食肉且不能捕食非洲草原象，两者之间没有关系

D. 水、空气、温度等是影响非洲草原生物的非生物因素

二、填一填

大象的脑容量是人体脑容量的三倍，大象是否比人聪明呢？神经元是神经系统_____ 和_____ 的基本单位，所以神经元数量的多少也可以作为衡量智力的标准。

研究发现，人脑中神经元数量为860亿个，其中大脑中含有160亿个。而大象脑中则有2570亿个神经元，不过98％的神经元都在小脑内，大脑内只有56亿个。所以我们推断人与大象相比，_____ 更聪明，原因是_____

_____ 。

三、想一想

象牙一直被看作是雄性大象力量的象征，这两根长而弯曲的门齿，除了被雄象当作打斗的武器，更是它们获得雌象青睐的资本。但是对于象来说，拥有巨大的象牙不再是一件值得炫耀的事情，反而成为死亡的标志。

亚洲象家族中只有雄性才拥有象牙，象牙贩卖的巨大利润也让贪婪的盗猎者将罪恶的枪口对准了雄象。人类记录中最大的象牙重达97千克，但是由于盗猎我们现在很难发现重量超过45千克的象牙了。

1990年颁布的国际象牙禁令曾一度使猖獗的象牙走私得到了缓解，但猎象取牙的犯罪活动至今仍未被根除。

目前我国亚洲象种群只有250头左右，其中有200头左右分布在云南西双版纳地区。除了雄象数目的急剧减少，更让人感到惊奇的是，象群中没有象牙的雄象越来越多。

实际上，无牙基因在亚洲象体内是一直存在的。自然界中有2%～5%的雄性亚洲象是天生没有象牙的，但是现在亚洲象种群中无牙雄象的比例大大超过了正常范围，无牙基因在雄象种群中传播开来，这是违背自然规律的。

究竟是什么原因导致雄性亚洲象"改头换面"？请你用进化与适应的观点解释这一现象，并分析这种现象是否有利于象群的健康发展？

四、我的天地 　　（日志、绘本、照片、手抄报等）

撰稿：董　鹏　邓　晶

3 植食动物连连看——犀牛和河马

💡 聚焦问题

你知道吗？犀牛和河马是生活在非洲草原上的两类大型食草动物。虽然它们名字里有"牛"或者"马"，但是犀牛与牛的亲缘关系近吗？河马与马的亲缘关系近吗？它们之间有什么联系？

✏️ 学习导图

 课标要求 概述脊椎动物的主要特征，尝试根据一定特征对生物进行分类。

 核心素养 结构与功能观、进化与适应观。

植食动物

麋鹿
南海子麋鹿苑

犀牛
北京动物园

河马

神奇的非洲
北京自然博物馆

🔍 寻找证据

🏛 探究地点

北京动物园犀牛河马馆。

🏷 展品信息

犀牛是哺乳动物纲奇蹄目犀科的总称，有4属5种，是世界上最大的奇蹄目动物。北京动物园饲养有2种犀牛，白犀和印度犀。犀类动物普遍腿短、前后肢均三趾；皮厚粗糙，并于肩、腰等处成褶皱排列，毛被稀少而硬，甚至大部无毛；耳呈卵圆形，头大而长，颈短粗，长唇延长伸出；头部有实心的独角或双角（有的雌性无角），起源于真皮，角脱落仍能复生；无犬齿；尾细短，身体呈黄褐、褐、黑或灰色。

栖息于低地或海拔2000多米的高地。夜间活动，独居或结成小群。生活区域从不脱离水源。食性因种类而异，以草类为主，或以树叶、嫩枝、野果、地衣等为食。寿命30～50年。除白犀外，均为濒危物种。分布于亚洲南部、东南亚和非洲撒哈拉以南地区。

河马，哺乳动物纲偶蹄目河马科。河马的特点是嘴宽大，四肢短粗，躯体像个粗圆桶。河马的身体庞大拙笨，仅次于亚洲象、白犀牛和非洲象，这种庞大的哺乳动物体重可达4.5吨，长可达5米。河马看起来很像一头巨型的猪，其身体笨重而厚实，脖子非常粗壮。由于腿非常短，因此身高最高不超过1.65米。它的腿上长着宽大、带蹄的足，每个足上有4个向前伸展的脚趾，趾间有膜相连。

河马生活在南非洲和中非洲的河湖、沼泽边缘的草地，主要以水生植物为食，偶食陆生植物，有时也会吞吃泥土以补足矿物质。它是很贪吃的，常常吃得大腹便便，平均每晚能吃60千克的食物。

河马繁殖期不固定，全年均繁殖，幼仔出生时体重27～45千克。河马会在水中交配，顺利的话，经过225～257天的孕期，母河马便会独自寻找一处隐蔽地点，诞下一头小河马，小河马出生后几分钟便懂得在水中畅泳。小河马有时会成为狮子或鳄鱼的佳肴，但更多的小河马会成为成年河马争执时的牺牲者。河马平均寿命为20～40年。

🔬 科学实践

　　调查是科学探究常用的方法之一。调查时首先要明确调查目的和调查对象，并制订合理的调查方案。有时因为调查的范围很大，不能逐一调查，就要选取一部分调查对象作为样本。调查过程要如实记录。对调查的结果要进行整理和分析，有时还要进行统计。

　　兽类在野外活动时，经常会留下一些明显的足迹，这是辨别兽类的主要标志之一。对这些兽类足迹进行翻模、拍照或者绘制，是非常好的记录方法。

　　调查动物园中的奇蹄目和偶蹄目动物，并尝试绘制它们的足迹，结合这些动物的名片，制作植食动物的进化树。

	白犀	河马				
纲	哺乳动物纲	哺乳动物纲				
目	奇蹄目	偶蹄目				
科	犀科	河马科				
属	白犀属	河马属				
种	白犀	河马				
学名	*Ceratotherium simum*	*Hippopotamus amphibius*				
脚趾特点	前后肢均为三趾	前后肢均为四趾				
足迹绘制						

　　进化树在生物学中，用来表示物种之间的进化关系。生物分类学家和进化论者根据各类生物间的亲缘关系的远近，把各类生物安置在有分枝的树状的图表上，简明地表示生物的进化历程和亲缘关系。在进化树上每个叶子节点代表一个物种，两个叶子节点之间的最短距离就可以表示相应的两个物种之间的差异程度。

我制作的进化树如下：

📖 科普阅读

　　犀牛是体重第二大陆生动物。脚短身肥，皮厚毛少，眼睛小，角长在鼻子上。犀牛的皮肤虽很坚硬，但其褶缝里的皮肤十分娇嫩，常有寄生虫在其中，为了赶走这些虫子，它们要常在泥水中打滚抹泥。

　　犀牛多独居，个体之间很少接触，只有白犀牛以约10只的数目群居。多数时候都会避开人类，但在交配季节时期的雄犀牛，或带领小犀牛的雌犀牛，稍受刺激就会攻击任何目标，包括人类。犀牛保护自己最好的方式就是待在家里，远离斗争，它们不再像过去那样去应对捕食者，而是演化出了一套异常敏感的反应系统，依靠这一反应系统，它们在危险临近时通过听觉或嗅觉能提前感知。现在它们杯状的大耳朵依然能够朝各个方向旋转来捕获最细微的声音，它们的鼻子也能像读书一样去读取空气中的信息，犀牛鼻腔所占的空间甚至超过它们的大脑，当危险上升到一定程度，它们就会突然转身并以56千米/小时的速度飞奔到灌木丛中。它们像推土机一样的身体能够推平眼前的任何植被，但同时也能够完成漂亮的回旋动作，这都归功于它们能够精确旋转和扭动的运动系统。

一头成年雄犀牛占有大约10平方千米的领地，它经常在领地内巡逻，以防外来者侵扰。但这些雄犀牛通常允许雌犀牛和小犀牛穿过自己的领地。

河马有独特的皮肤，一天当中超过16个小时需要泡在水中，保持湿润。离开水太久会导致脱水，所以河马白天尽量待在水中。它们没有真正的汗腺，河马从它们的毛孔中分泌一层厚厚的被称为"血汗"的红色物质，因为它看起来像动物渗出的血。但是不要担心，血汗形成了一层黏液，来保护河马皮肤免于晒伤并保持湿润。人们认为这种黏液也能防止感染，尽管野生河马有时生活在肮脏的水域里，但即使是大的伤口似乎也没有造成感染。河马可以发出巨大的声音，被测到达115分贝，与摇滚音乐会上离扬声器20米远的地方的音量相当。

河马的上门牙很短，向下弯曲；一对下门牙向前伸出，像一把铲子；还有一对向上向外伸出的下犬齿。今天它的门牙吃草时磨损了多少，明天就长出多少来，像变魔术似的。

河马是世界上嘴巴最大的陆生哺乳动物，"身体素质"很好，一般不得病，但是它的牙齿相对"比较脆弱"，容易感染细菌引发牙龈发炎等疾病。经过一段时间的食物引诱训练，动物园的河马能自动张嘴配合，这样能有效地减少河马患口腔疾病的概率，保证了河马口腔健康。

触类旁通

相信大家对非洲动物大迁徙并不陌生，以角马、瞪羚、斑马为代表的植食动物逐水草而生，从而形成了大迁徙这一壮观景象。事实上，角马属于偶蹄目牛科，是生活在非洲草原上的大型羚牛，长着牛头、马面、羊须。头粗大而且肩宽，很像水牛；后部纤细，比较像马；颈部有黑色鬣毛。全身有长长的毛，光滑并有短的斑纹。角马非常挑食，主要以草、树叶和花蕾为食，对鲜美多汁的嫩草情有独钟。为寻求水源和青草，每年数以百万计的食草动物从坦桑尼亚的塞伦盖蒂向肯尼亚的马赛马拉迁徙，150万只角马是其中的主力，途中它们需要渡过鳄鱼出没的马拉河，这一壮观场景被称为"天国之渡"。

植食动物连连看——犀牛和河马

一、选一选

1. 有关河马对环境的适应，以下说法不正确的是（ ）

A. 河马皮下脂肪厚，适宜其在水中潜水和漂浮

B. 河马的獠牙长达10厘米，适应其食肉生活

C. 河马的"血汗"是其分泌的一种红色液体，可以防止被高温灼伤

D. 河马在水中时，鼻孔露出水面，既可以靠水降温，也可以正常呼吸

2. 地质工作者在不同的地层内发掘到许多化石。甲层中发掘出恐龙蛋、始祖鸟、龟化石；乙层中发掘出马、象牙、犀牛角等化石；丙层中发掘出三叶虫、珊瑚、乌贼等化石。据此推断这些地层的年代由远到近的顺序是（ ）

A. 甲、乙、丙　　B. 乙、甲、丙　　C. 丙、乙、甲　　D. 丙、甲、乙

二、填一填

比较食草动物与食肉动物的特征，填写下表。

	食草动物	食肉动物
牙齿分化		
眼睛位置		
脚部结构		
消化系统		
其他		

开放性问题

三、想一想

地质年代表

代	纪	世	距今大约年代（百万年）	主要生物演化
新生代	第四纪	全新世	现代 0.01	人类时代　现代植物
		更新世	2.4	
	第三纪	上新世	5.3	哺乳动物　被子植物
		中新世	23	
		断新世	36.5	
		始新世	53	
		古新世		

　　已知最古老的奇蹄目动物是发现于北美和欧洲的大约5500万年前古新世的始马，又被译名为始祖马，因为它是最早的马化石。

　　偶蹄目动物由古新世的踝节目动物进化而来，大约从始新世开始分化。始新世晚期（4600万年前），三个现代亚目已经开始分化：猪形亚目、胼足亚目和反刍亚目。然而，偶蹄目并没有占据生态主导地位，当时是奇蹄目动物的繁盛时期。偶蹄目只能占据一些边缘生态位艰难维生。但是它们也在这个时候开始了复杂的消化系统的进化，从而能够以低级食料为生。

　　中新世和上新世是偶蹄目动物进化的重要时期。始新世开始出现了草。中新世的时候全球气候变得干燥少雨，大量雨林枯亡，草原开始发育，并向全球蔓延开来，由此带来了诸多变化。奇蹄类在身体结构（如距骨和牙齿）及消化系统等方面，适应性不及偶蹄类动物。大多数偶蹄类具有利于奔跑的双滑车距骨和反刍功能。草本身是一种非常难以消化的食物，而唯有拥有复杂消化系统的偶蹄目能有效地利用这种粗糙、低营养的食物。很快偶蹄目就取代了奇蹄动物的生态位，成为食草动物的主导。

　　根据以上资料，试分析奇蹄目与偶蹄目动物的演化与环境有怎样的关系？

四、我的天地 （日志、绘本、照片、手抄报等）

撰稿：董 鹏 邓 晶

"黑瞎子" ——亚洲黑熊

🔍 聚焦问题

　　你知道吗？亚洲黑熊是标准的杂食性动物，在许多民间有关熊的传说中，都称其为"黑瞎子"，难道它们真的看不见东西吗？它们是通过哪种感官获得外界信息的呢？

✏️ 学习导图

（课标要求）知道视觉的形成，说明生物对环境的适应。

（核心素养）结构与功能观、进化与适应观、社会责任。

动物感官

爬行动物馆
北京动物园

熊山
北京动物园

人体感官展
北京自然博物馆

🔍 寻找证据

🏛 探究地点

北京动物园熊山。

🏷 展品信息

亚洲黑熊（*Ursus thibetanus*），哺乳动物纲、食肉目、熊科，共有7个亚种。

亚洲黑熊（*Ursus thibetanus*）

序号	中文名称	拉丁学名
1	中国台湾黑熊	*Ursus thibetanus formosanus*
2	巴基斯坦黑熊	*Ursus thibetanus gedrosianus*
3	日本黑熊	*Ursus thibetanus japonicus*
4	黑熊喜马拉雅亚种	*Ursus thibetanus laniger*
5	黑熊四川亚种	*Ursus thibetanus mupinensis*
6	黑熊指名亚种	*Ursus thibetanus thibetanus*
7	黑熊东北亚种	*Ursus thibetanus ussuricus*

亚洲黑熊雌性体重40～140千克，雄性体重60～200千克，肩高1.2～1.9米。身体粗壮，头部宽圆，吻较短。鼻端裸露；眼小；耳长10～12厘米，除胸部有一明显的倒人字形白色或黄色斑，全身被覆有光泽的漆黑色毛；面部棕褐色或赭色。颊后及颈部两侧的毛甚长，形成两个半圆形毛丛，胸部毛最短。肩部较平，臀部稍宽于肩部。尾很短，长7～8厘米。四肢粗壮，前后肢都具五趾，爪弯曲，呈黑色，前足爪长于后足爪。前后足均肥厚，前足腕垫宽大，与掌垫相连，掌垫与趾垫间有棕黑色、灰黑色短毛；后足跖垫宽大肥厚，跖垫与趾垫间也有棕黑色、灰黑色的短毛。

亚洲黑熊是标准的杂食性动物，而且以植物性食物为主。所吃的食物类别繁杂，包括各种植物的芽、叶、茎、根、果实，以及菇类、虾、蟹、鱼类、无脊椎动物、鸟类、啮齿类动物和腐肉，也会挖掘蚁窝和蜂巢。虽然肉类在其食物中只占非常小的部分，但亚洲黑熊被认为比美洲黑熊食肉更多。

亚洲黑熊的头骨略呈长圆形，与棕熊相比，前短后长。吻部较短，鼻骨长度约等于头骨在第一上臼齿前的横宽；眼眶前缘至中央门齿齿槽前缘的距离小于左右眶后突之间的距离，额骨平缓，中央不下陷。顶骨较宽，乳状突很发达，致使头骨后部显得宽大。颧弓较弱。腭骨延伸到后臼齿的后面。鼓室扁平。下颌骨短，最后下臼齿位于眼窝前缘的后边。

亚洲黑熊的嗅觉和听觉很灵敏，顺风可闻到0.5千米以外的气味，能听到300步以外的脚步声。但它们视觉差，故有"黑瞎子"之称。亚洲黑熊可以像人类一样直立行走，也能像人一样坐着，但行动谨慎又缓慢，很少攻击人类。它们一般在夜晚活动，白天在树洞或岩洞中睡觉。其善于攀爬，可以上到很高的树上去取果实和蜂蜜，并善游泳。

这种坚强和无畏的动物并不攻击人类，事实上，熊尽力想避开人类，大多数情况下是人类的行为导致了熊的攻击。

思 考 讨 论

1. 亚洲黑熊如何适应其所生活的环境？

2. 亚洲黑熊靠哪种感觉进行捕食和防御？

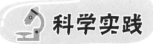

科学实践

模拟实验：视觉的形成

1. 材料与用具

凸透镜（模拟晶状体）、镜筒（模拟眼球的前后径）、有线摄像头（模拟视网膜、视神经）、笔记本电脑（模拟人的大脑，而屏幕相当于视觉中枢）、观察的物体。

2. 组装

（1）镜筒的制作。首先，取一个比凸透镜直径略大的不透明塑料瓶（可以是家用的洗涤剂瓶），在其底部挖一个圆孔，大小与凸透镜相当。然后，把凸透镜镶嵌于圆孔处并固定好，另一端可以固定一张临时的半透明的纸（相当于视网膜）。最后，做一个支架（高度与摄像头支架相当）固定好镜筒。

（2）将摄像头的 USB 插头插入笔记本电脑的USB接口。

（3）固定好物体，其高低远近以物距大于凸透镜的一倍焦距为宜。

▶▶ 3. 使用操作

（1）把摄像头和笔记本电脑连接好，打开该电脑。

（2）将凸透镜这端对着物体，调节物体与凸透镜的距离，直到半透明纸上出现清晰的倒立像。

（3）把摄像头固定在半透明纸这端，使镜头正对清晰的像，去掉半透明纸。

（4）在笔记本电脑上，找到并打开摄像头设备。初始化后出现物体倒立的像，适当调节摄像头位置，使像更清晰。

▶▶ 4. 应用

理解近视眼和远视眼产生的原因，即将近视镜和远视镜置于凸透镜（晶状体）前，调整物体和凸透镜的距离，从而理解近视眼和远视眼产生的原因。

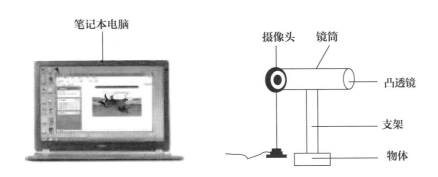

☰ 科普阅读

亚洲黑熊是食肉目熊科的哺乳动物。胸部有白色新月形斑纹，又称为月熊、月牙熊、狗熊，别名为黑瞎子。为获取其皮毛而进行的过度捕猎，以及人类活动造成的栖息地丧失，都使其数量逐渐减少，因此目前亚洲黑熊处于易危状态。

黑熊是典型的林栖动物，杂食性，春天以山毛榉等植物的新芽为食，夏天主要以蚂蚁、蜜蜂等昆虫为食，秋天主要以橡树、栗树等的果实为食。交配在6—8月进行，一次约产1~2头幼仔。北方的黑熊有冬眠习性，并在大树的树洞、岩洞和地洞、圆木或石下、河堤边、暗沟和浅洼地建立巢穴。秋天会大量进食，以准备冬眠，整个冬季蛰伏洞中，不吃不动，处于半睡眠状态，冬眠后会自动降低体温、心率，以降低身体的新陈代谢。至翌年3—4月出洞。从低海拔600米的热带雨林到亚热带的常绿阔叶林、亚热带干旱河谷灌丛、温带落叶阔叶林、针阔叶混交林、针叶林和海拔4000米左右的山地寒温带暗针叶林，都有亚洲黑熊的分布。黑熊有垂直迁徙的习惯，夏季栖息在高山，入冬前从高地逐渐转移到海拔较低处，甚至到干旱河谷灌丛地区。

世界上共有8种熊受人类猎杀的威胁，其中7种受到熊胆贸易的威胁。熊的毛皮、胆囊、熊掌和其他身体部位，被销售给药品制造和野味食物市场。熊胆的需求，曾促成了20世纪80年代起中国境内养熊业的快速发展。当时大批野外的黑熊特别是幼仔被捕捉和贩卖到熊场，而且由于饲养条件和技术的限制，不少黑熊在引流手术感染和饲养过程中病死，形成对熊类资源的一次浩劫。这种现象在所有有熊的国家里普遍存在，导致熊类总量骤减。

每年，全世界有7000多只亚洲黑熊在400多个熊场上受着残酷的折磨。它们被关在小得无法翻身的铁笼里，被人们用极不卫生的原始方法向体内植入导管，每天取胆汁入药，它们腹部的伤口永不缝合。大部分的熊自小就被关进了牢笼，有的一关就是13年，身心俱残。由于手术技术低劣，加上常年关禁，熊场上的熊最多只能活它们正常寿命1/3的时间。

中医记载，熊胆主治肝火导致的目赤肿痛、咽喉肿痛等，实际已有54种之多的草药可以达到同样疗效，而且价格更加便宜。活熊取胆非但没有减少对野生熊的猎杀（熊场上许多熊仍是从野外捕捉而来），反而刺激了野生熊胆及胆汁的市场。

根据国家林业和草原局等有关部门的规定，在中国野生动物保护协会的协调下，各省级林业部门陆续颁布了政府文件，宣布其辖区内不准有活熊取胆的养殖场，其野生动物保护部门不再批准建立活熊取胆养殖场的申请，并承诺严肃查处其辖区内可能存在的非法养殖场。

触类旁通

　　蛇的头部是中枢神经的指挥部，也是蛇感觉器官最集中的部位。蛇是近视眼，视觉不发达，只能看近处。夜行性的蛇在视网膜和眼球后壁的细胞中有一种叫结晶鸟便嘌呤的色素物质，使蛇在夜间微弱的光线下也能产生视觉兴奋，故而能在伸手不见五指的条件下运动自如和捕获食物。蛇没有外耳、鼓膜、鼓室和耳咽管，因而它听不见周围空间传来的声音。但是蛇有听骨和内耳。耳柱骨埋在头后两侧的组织内，其一端连于内耳的前庭，另一端连于上颌骨中央部及嘴周围的皮肤上，以此代替鼓膜的功能。所以，当蛇全身贴在地面上时，外界传来的声波通过地表传导至它的头部或整个身体上，再通过上述的结构传至内耳，将振动转换为神经冲动，再通过听神经传到大脑的听觉中枢产生听觉。通过这一特性，人们利用蛇类异常活动的反应作为预报地震的参考依据。蛇的嗅觉是比较发达的，它的主要嗅觉器官是由锄鼻器和舌共同组成的。锄鼻器有一对，位置在口腔的顶部腭骨前方深凹处，是一根月牙形弯曲的小管，末端呈盲囊，前端开口于口腔前方的顶壁，管腔表面布满嗅觉上皮细胞，通过嗅觉神经与脑神经相连。但锄鼻器并不与外界相通，要实现嗅觉功能，必须借助于舌。蛇的舌又细又长，尖端分叉很深，舌头的基部有舌鞘，鞘内可以容装整个舌，当舌鞘收缩，舌迅速从鞘内弹出，不用张口，即可从蛇的下颌前缘裂缝处伸出口外，自由地进行前后左右的活动。蛇的舌没有味蕾，但舌尖上常有丰富的黏液和许多具有化学感觉的小体，起触觉和味觉的功能。

　　除上述视、听、嗅、触及味觉等感官外，蝰蛇科的蛇类，在头部还生长了一个特殊的热敏感觉器官——颊窝。颊窝前端较宽，后端较窄，其内有一层极薄的膜将颊窝分隔为外室和内室，内室以一小孔与外界相通，外室直接开口于外界，朝向发出温热的物体，薄膜上分布丰富的三叉神经末梢，当内外室的温差反映到薄膜的两面时，即通过神经末梢传导到中枢，产生感觉。

"黑瞎子" ——亚洲黑熊

一、选一选

1. 关于亚洲黑熊的叙述，不正确的是（　　　）

A. 亚洲黑熊的生殖方式为胎生，每胎1～3仔

B. 亚洲黑熊是变温动物，所以需要冬眠

C. 亚洲黑熊听觉与嗅觉发达，利于捕食

D. 亚洲黑熊有7个亚种，这是自然选择的结果

2. 有关亚洲黑熊行为的叙述，不正确的是（　　　）

A. 北方的亚洲黑熊有冬眠的行为，这属于节律行为

B. 幼年亚洲黑熊会尝试捕捉鱼类，这属于学习行为

C. 经过训练的幼熊也可以爬树，这属于先天性行为

D. 亚洲黑熊遇到危险会迅速躲避，这属于防御行为

非选择题

二、填一填

名称	亚洲黑熊	大熊猫	马来熊	棕熊
拉丁学名	*Ursus thibetanus*	*Ailuropoda melanoleuca*	*Helarctos malayanus*	*Ursus arctos*

由上表可知，以上动物均属于脊索动物门、_____纲、食肉目、熊科，其中与亚洲黑熊关系最近的为_____。

开放性问题

三、想一想

自1979年以来，亚洲黑熊已被列入《濒危野生动植物种国际贸易公约》附录一。在大多数国家，黑熊被列为受保护的物种。例如，在中国，黑熊被列为二级保护动物，在印度被《野生动物保护法》列入附表一。在韩国，也是濒危野生动物。在日本，这个物种被列在濒危野生动植物贸易许可证的法律保护范围。然而，在整个东南亚地区，熊胆和熊掌的猎取仍然被豁免。这一物种（除缅甸外）在东南亚的每一个国家，都被列为"一般保护"。这意味着，它们随时可能被杀死。在阿富汗，亚洲黑熊被列为受保护的物种，在该国境内对于黑熊的所有狩猎和贸易都被政府禁止。

最有利的保护措施，是减少对熊产品的需求，从而降低狩猎和贸易。我们也可以根据国际和国家法律保护物种，但这些法律往往没有得到实施。亚种巴基斯坦黑熊，生活在巴基斯坦和伊朗南部俾路支地区干旱荆棘林，被列为极度濒危物种。当地政府提出了一个保护区，以协助恢复这个非常小而孤立的物种。

1. "没有买卖就没有伤害"，请你根据所学知识，写一份劝告人们放弃使用黑熊相关产品的演讲稿。

2. 结合亚洲黑熊的形态结构特点与行为方式等，如何改进动物园熊山的内部设计，让亚洲黑熊过得更好？

四、我的天地　（日志、绘本、照片、手抄报等）

撰稿：董　鹏　邓　晶

建筑奇迹 ——鸟巢大揭秘

 聚焦问题

　　鸟类的生殖发育一般要经历求偶、交配、筑巢、产卵、孵卵、育雏等环节，而筑巢是鸟类生殖与发育过程中的重要一环，鸟巢究竟是如何搭建起来的呢？鸟巢有哪些类型呢？

 学习导图

| 课标要求 | 概述鸟类的生殖和发育过程，区别动物的先天性行为和学习行为。 | 核心·素养 | 结构与功能观、进化与适应观。 |

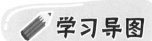
鸟的生殖

观鸟
南海子麋鹿苑

水禽湖
北京动物园

寻找鸟巢
北京植物园

272

寻找证据

探究地点

动物园水禽湖南岸。

展品信息

在水禽湖南岸的树上，有许多夜鹭的巢和乌鸦的巢，这些巢是鸟类繁殖后代的场所，也是鸟类的"生命摇篮"。到了繁殖的时节，鸟儿们就会筑巢，它们需要一个安全的地方来保护它们的卵。鸟儿筑巢产卵后开始孵育后代，鸟爸爸和鸟妈妈天生有寻找安全筑巢地点的本领，大多数鸟类不会重复利用同一个巢址。当它们的孩子长大离巢之后，在下个繁殖季节鸟爸爸和鸟妈妈会寻找新的地点来筑造安全的巢。以鸟卵为中心，并把鸟卵包裹在其中，鸟儿的巢是量身定制的。这样可以更好地为鸟卵保温。世界上的鸟巢各种各样，位于不同的位置，使用不同的材料，筑成不同的形状……不同的鸟儿，都会因地制宜，就地取材，给自己的宝宝们筑造一个舒服的小窝。

思 考 讨 论

1. 鸟巢是用什么材料做成的？
2. 所有的鸟类都做鸟巢吗？

科学实践

活动：尝试搭建人工鸟巢

方法一：树枝巢

一般情况下，喜鹊建巢会选择在较高的多枝杈的树杈上。多杈的树杈上建巢比较稳定，建巢材料不易掉落。喜鹊建巢最关键的技术：选用的枝条多是干硬的带枝杈的，带杈的较细的一头必须叉在作为基础的较低的一个枝杈上，较粗较重的另一头斜放在比较高的另一个枝杈上，利用大头的重力和枝杈的阻力保持稳定。

请观察喜鹊的巢，并结合上述资料，尝试搭建人工鸟巢。

1．选取带有较多树杈的粗壮的树枝，作为巢址（即底座）。

2．选用干硬的带枝杈的树枝若干，尽量保证大小一致。

3．将第一个树杈的较细的一端插入底座内，较粗的一端斜搭，保证不脱落。

4．将第二个树杈的较细的一端插入第一个树杈的枝杈处，保证不脱落。

5．以此类推，并沿着巢址的方向逆时针编织鸟巢，直径在15～20厘米为宜，高10厘米左右时停止编织。

6．用干稻草等在巢内进行铺垫，以起到保温的效果。

方法二：人工巢箱

▶ 材料与工具

厚度1厘米的木工板若干，折页，锯子，锤子，钉子，喷漆等。

▶ 步骤

1．测量及画线。人工鸟巢的长和宽以20～25厘米为最佳，具体尺寸如下。

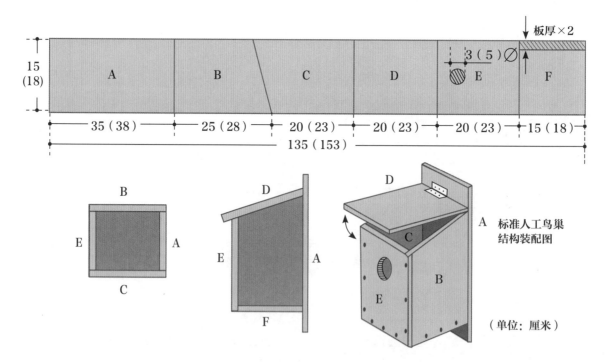

A 标准人工鸟巢结构装配图

（单位：厘米）

2．切割：用锯子沿着画线区域进行切割，注意安全，并留有余量作为连接处。

3．出口处理：出入口位置在距顶部1/3处，口呈圆形，口径3～4厘米。

4．拼接安装：按照图纸拼接安装，背板尺寸则要略长，用以悬挂。

5．上色：用无味的环保喷漆上色，颜色不能鲜艳，以绿色或树皮灰色为主，起到保护色作用。

6．防水：检查鸟巢顶部是否防水，如有漏水，进行修正。

7．悬挂：在征得小区物业或者公园管理处许可的情况下进行巢箱悬挂，注意安全。

科普阅读

多种多样的鸟巢

悬崖上的巢

很多海鸟在悬崖上筑巢。对于它们而言，能获得的筑巢材料非常少。另外，捕食者很难到达这个位置，所以很多鸟儿直接把卵产在了狭窄的悬崖峭壁上。

水上的巢

黑翅长脚鹬可以游得很快，但是由于它的脚非常靠近身体后部，所以在陆地上行走非常困难。因此，它的巢不是建在陆地上，而是漂浮在水面上。它们用水生植物建造浮巢，然后在里面产卵。为了防止它浸水、沉没或者被水冲走，亲鸟会将巢固定在周围的植物上。

树上的巢

树巢最简单的形式就是一个平台，架在树杈上。鸟儿的体形越大，所需的建巢材料也就越多。鸟儿自身的重量，会使得平台巢的中央有一个受压的凹陷处，这样的位置恰好使得卵可以安然躺在里面，不会滚来滚去。

碗状巢

一些鸟儿用胸部将建巢材料塑造成一个碗的形状，这样的巢既便于为卵和幼鸟保温，又可以躲避捕食者。在筑巢材料的选择上，鸟儿不只用树杈和小枝筑巢，还会利用在栖息地中可以找到的一些材料，来为自己的巢添砖加瓦，它们用羽毛和苔藓来为卵和幼鸟保温，用长树叶和泥土来为巢塑形。

墙壁上的巢

一些鸟儿在墙上用泥打下巢的"地基"，人类开始建造房子时，燕子也开始在这些房子上筑巢，因为在人类生活的地方，天敌也会相应较少。

树洞里的巢

鸟利用天然的树洞，或者用自己的喙来凿出洞。这样的巢，外壁结实坚固又安全，也不需要耗费很多材料。产于这类巢里的很多卵都没有花纹（不需要保护色）。

巢寄生

一些鸟儿在其他的鸟巢中产卵，"欺骗"这些鸟巢的主人，让它们帮忙孵化卵，并且养育雏鸟，这种行为被称为巢寄生。并不是所有的巢都可以寄生。寄生的鸟儿会选择这样的寄主：①食用同样类型的食物。②巢容易接近。③卵的孵化期大致相同。我们熟知的布谷鸟（大杜鹃），就是巢寄生的受益者。

触类旁通

求偶，是动物繁殖的一个重要环节。在性激素的作用下，求偶炫耀是能够吸引异性并最终导致交配的一种行为。鸟类的求偶方式大致可分为下列五种类型。

（1）以艳丽的体色与独特的炫耀动作求偶。例如，雄孔雀求偶时将长而华丽的尾羽竖展开来，并不停地抖动，同时还跳起旋转优美的舞蹈。珠颈斑鸠虽然没有美丽的羽毛，但是以多样的乞求姿态求偶，如在树上求偶，雄鸟在雌鸟附近低头鸣叫，或低头上下抖动外侧或两侧的翅膀，有时候也在空中上下翻飞，极力向雌鸟求偶炫耀。

（2）以鸣叫声求偶。多数鸣禽鸟类雄鸟在求偶时，会发出悦耳的歌声，有的婉转悠扬，有的呢喃细语，有的高亢豪放。例如，夜莺的颤鸣是为了吸引雌鸟；杜鹃的晨夜鸣叫，就是它们求偶联络的信号。

（3）以身体接触、舞蹈和婚飞求偶。如水禽和海鸟，它们通过击喙、亲吻、头颈交缠、抚弄羽毛、身体相依等方式来求偶。

（4）公共竞技场求偶。在一个公共竞技场，许多只雄鸟一起进行求偶炫耀，有时甚至发生激烈的争斗，而雌鸟则在一旁观看雄鸟的决斗表演，并最终决定与其中的哪一只雄鸟交配。

（5）装饰求偶场。例如，有些园丁鸟雄鸟的羽毛不甚艳丽，但它们能将求偶的场所装饰得富丽堂皇，用来引诱雌鸟。雄鸟的羽色越缺乏色彩，其凉亭修建得越漂亮。

建筑奇迹——鸟巢大揭秘

一、选一选

1. 以下各项不属于鸟巢的作用的是（　　　）

A. 有利于保护鸟卵　　　　　B. 是所有鸟类夜晚居住的场所

C. 将卵聚集在一起，不滚散　D. 有一定的保温作用，利于孵卵

2. 关于鸟的生殖和发育不正确的是（　　　）

A. 鸟类的筑巢、孵卵和育雏属于先天性行为

B. 有些鸟类筑造的鸟巢也会作为求偶的重要标志

C. 鸟类的繁殖特点是雌雄异体，体内受精

D. 所有的鸟类生殖过程都包括求偶、交配、筑巢、产卵、孵卵、育雏等阶段

二、填一填

列表比较鱼类、两栖类、爬行类、鸟类和哺乳动物类的生殖发育过程。

类群	主要特点	受精方式	胚胎发育方式	代表物种
鱼类				
两栖类				
爬行类				
鸟类				
哺乳动物类				

开放性问题

三、想一想

出壳后的雏鸟，眼睛已经睁开，全身有稠密的绒羽，腿足有力，立刻就能跟随亲鸟自行觅食。这样的雏鸟，叫作早成鸟。大多数地栖鸟类（鸡形目等）和游禽类（雁形目等）属于早成鸟。

晚成鸟是指雏鸟从卵壳里出来时，发育还不充分，眼睛还没有睁开，身上的羽毛很少，甚至全身裸露，腿、足无力，没有独立生活的能力，要留在巢内由亲鸟喂养的鸟。

晚成鸟孵化后在巢内继续发育一段时间（15天至几个月不等），这段时间内需要亲鸟的照料，出飞后要由亲鸟教给取食方法。大多数雀形目鸟类、隼形目鸟类、鸽形目鸟类、䴕形目鸟类等属于晚成鸟。

结合早成鸟和晚成鸟的概念，试分析早成鸟与晚成鸟分别适合什么类型的巢？早成鸟与晚成鸟分别适合什么样的环境？

四、我的天地　　（日志、绘本、照片、手抄报等）

撰稿：董　鹏　邓　晶

极速飞行的鸟与不会飞的鸟

6

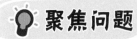

聚焦问题

同是鸟类，有的飞行时速可达110千米，而有的却放弃了飞行。是什么导致了不同鸟运动方式的差别？

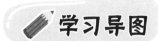

学习导图

 课标要求　列举动物多种多样的运动方式，概述鸟类的主要特征。

 核心素养　结构与功能观，进化与适应观，理性思维、科学探究。

鸟类

北京雨燕
北海公园、颐和园、
故宫博物院

非洲鸵鸟
北京动物园、北京野生动物园、
国家动物博物馆

🔍 寻找证据

🏛 探究地点

在北京动物园非洲动物区，你可以见到世界上现存最大的鸟——非洲鸵鸟。在北京的3—10月，你可以看到空中疾驰而过的北京雨燕。北京雨燕在北京主要分布在颐和园、故宫、前门、北海公园、景山公园、鼓楼等古建筑集中的区域，在北京动物园也有分布。

🏷 展品信息

非洲鸵鸟

拉丁学名：*Struthio camelus*

英 文 名：Common Ostrich

分　　类：鸟纲、鸵鸟目、鸵鸟科、鸵鸟属

鸵鸟是世界上现代生存的最大鸟类。雄鸟可高达2.75米，体重135千克；雌鸟稍小。鸵鸟脖子很长，眼睛大，喙由数片角鞘组成。鸵鸟两翼退化，胸骨扁平，不会飞，尾羽蓬松而下垂，脚强大，趾仅存2枚，趾下有肉垫，趾间无蹼，腿长而粗，跨步近3米，故能疾走如飞，持续奔跑速度每小时可达50千米，冲刺速度每小时甚至超过70千米。

每只雌鸟产卵10～12枚，每窝的卵数可以达到25～30枚。卵大，黄白色，大小为152毫米×203毫米，卵重1300～2000克。白天雌鸟孵化，夜晚雄鸟孵化，孵化期为40～42天。雏鸟为早成性。

不知从何时起，鸵鸟在人们的印象中变成了富有卡通意味的形象——体形巨大却很胆小，腹部有一圈蓬蓬的羽毛，会把头埋进沙子里。但事实上，鸵鸟是凶猛且谨慎的鸟类，它们很好地适应了非洲草原变幻无常的气候和生存状况。在与躲在灌木后面虎视眈眈的狮子、豹子和猎豹相处的过程中，它们学会了时刻保持警惕状态。

北京雨燕（普通楼燕）

拉丁学名：*Apus apus pekinensis*

英 文 名：Common Swift

分　　类：鸟纲、雨燕目、雨燕科、雨燕属

　　北京雨燕（普通楼燕）头和上体黑褐色，头顶和背羽色较深暗，并略具光泽。两翅狭长，呈镰刀状，两翅初级飞羽外侧和尾表面微具铜绿色光泽。主要栖息于森林、平原、荒漠、海岸、城镇等各类环境中。多在高大的古建筑物，如宝塔、庙宇、岩壁、城墙缝隙中栖居。

　　北京雨燕为季节性夏候鸟。越冬区在热带非洲和印度北部。春季于3—4月迁来，秋季于7—10月迁走。振翅频率相对较慢。白天常成群在空中飞翔捕食。尤以晨昏、阴天和雨前最为活跃。飞翔疾速，时速可达110千米。常边飞边叫，叫声清脆而响亮。主要以昆虫为食，特别是飞行性昆虫，常边飞边捕食。

　　每窝产卵2～4枚，多为3枚，卵白色无斑，大小为24～26毫米×15～17毫米，形状为椭圆形，雌雄轮流孵卵，孵化期21～23天。雏鸟晚成性，大约经亲鸟喂养30天以后才能飞翔。

思 考 讨 论

1. 北京雨燕和非洲鸵鸟的运动方式分别是什么？

2. 北京雨燕和非洲鸵鸟有哪些身体结构与各自的运动方式相适应？

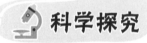

科学探究

温 馨 提 示

初次观鸟者请注意：

1. 自备一架双筒望远镜。

2. 穿适合行走的鞋，尽量穿与环境色彩相近的服装，避免过于艳丽。

观察并推理：北京雨燕和非洲鸵鸟对环境的适应

1. 观察并描述北京雨燕和非洲鸵鸟的形态结构、运动方式。

北京雨燕和非洲鸵鸟观察记录表

比较项目		北京雨燕	非洲鸵鸟
运动方式			
生活环境			
形态结构等特征	后肢		
	趾		
	翅		
	体重		
雏鸟成熟类型			

2. 北京雨燕生活在北京郊区的岩壁洞穴和北京城区的古建筑洞穴中，非洲鸵鸟生活在广阔的非洲草原，请结合两种鸟类不同的栖息环境，推测身体结构进化的特点。

📖 科普阅读

鸟类的趾型

鸟类的下肢分为股（大腿）、胫（小腿）、跗跖和趾几个部位。

股部多隐藏而不外露，胫部有些鸟类被羽（猛禽），有些裸露。跗跖部是鸟的下肢中最显著的部分，表面覆盖各种形状的鳞片，有盾状鳞、靴状鳞等。鸡形目鸟类的雄性在跗跖后面还生有角质的距，作为战斗的武器。

足趾用于站立，多数鸟类具有4趾，通常是3趾向前，1趾向后。根据足趾的位置，鸟足又可分为多种趾型。

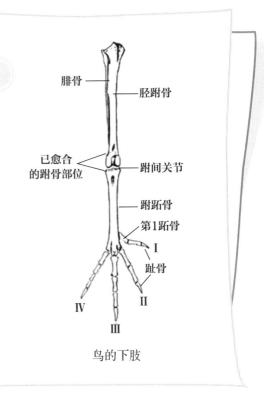

鸟的下肢

标注：腓骨、胫跗骨、已愈合的跗骨部位、跗间关节、跗跖骨、第1跖骨、趾骨、Ⅰ、Ⅱ、Ⅲ、Ⅳ

鸟类趾型

趾型	四趾位置	趾型示意图
常态足	3趾向前，1趾向后，称为常态足（离趾足、索趾足），如鸡	
对趾足	2、3趾向前，1、4趾向后，称为对趾足，如啄木鸟	
异趾足	3、4趾向前，1、2趾向后，称为异趾足，如咬鹃	
并趾足	向前3趾的基部愈合，称并趾足，如翠鸟	
前趾足	4趾均向前的足，称为前趾足，如雨燕	
半对趾足	似常态足，但第4趾可以后转成对趾足，称为半对趾足（转趾足），如鹦鹉	

🔍 触类旁通

距今5000万年前的始祖马只有现代的狐狸那么大，前足4趾，后足3趾，生活在树林中。4000万年前的化石证明，马的体形已有现代的羊那么大，前足3趾，后足3趾，仍然生活在树林中。2000万年前的化石证明，马进入草原生活了。马的四肢加长，中趾长成唯一着地的趾，增强了快跑的能力。距今1000万—300万年前的化石证明，马的体形已和现在的马基本相似，前后肢都只有中趾着地，中趾趾端形成硬蹄，两旁的侧趾退化，适于在草原上快速奔跑。

马的进化经历了从有多个趾的祖先马，到以中间的趾（蹄）来驰骋的现代马。鸵鸟也经历了类似的演变，大多数鸟类有4个脚趾，但多数大型的不会飞的鸟只有3个脚趾。鸵鸟在陆地行走的鸟中，更是独一无二的，它们只有两个脚趾。你能分析出鸵鸟两个脚趾更适应行走和奔跑的运动形式吗？

极速飞行的鸟与不会飞的鸟

世界上有9000多种鸟，它们的形态结构、生活方式、生活环境千差万别，很好地体现出鸟类的物种多样性。

一、选一选

1. 下列动物与北京雨燕的运动方式不同的是（　　　）

A. 蝙蝠　　B. 天鹅　　　C. 青蛙　　D. 蝴蝶

2. 北京雨燕飞行速度快，非洲鸵鸟不能飞行。以下表述不正确的是（　　　）

A. 北京雨燕两翅狭长，呈镰刀状，有助于快速飞行

B. 北京雨燕善于捕食陆地上的昆虫

C. 非洲鸵鸟两翼退化，胸骨扁平

D. 非洲鸵鸟脚强大，腿长而粗，适于疾走或奔跑

二、比一比

观察北京雨燕和非洲鸵鸟的趾，分析它们的结构与各自栖息环境相适应的特点。

北京雨燕的趾

鸵鸟的趾

开放性问题

三、想一想

鸟类的喙形、翅形、趾形等是长期进化的结果，不同的类型有助于鸟类适应不同的栖息地环境。鸟类的喙主要用来获取食物，每种鸟的取食行为都与它们喙的形状和大小有着直接的关系。

不同食性鸟类的喙

你在这个方面有没有感兴趣的问题？请你拟定一个研究课题，如"不同食性鸟类喙型比较研究"，尝试通过文献查询、观察、专家访谈等方法完成自己的小课题研究。

四、我的天地 （日志、绘本、照片、手抄报等）

撰稿：卓小利　邓　晶

7 叫鱼不是鱼的动物

🔍 聚焦问题

虽然娃娃鱼和鳄鱼的名字里都有"鱼"字，但它们真的不是鱼类！你知道娃娃鱼和鳄鱼的"真实身份"吗？

中国大鲵（娃娃鱼）

扬子鳄（淡水鳄鱼）

✏️ 学习导图

 课标要求 概述两栖类、爬行类的主要特征，关注我国特有的珍稀动物。

 核心素养 结构与功能观、进化与适应观。理性思维、社会责任。

脊椎动物

中国大鲵
北京动物园

鱼类
北京动物园

扬子鳄
北京动物园

🔍 寻找证据

🏛 探究地点

北京动物园两栖爬行馆一层北侧的展厅。

🏷 展品信息

中国大鲵

拉丁学名：*Andrias davidianus*

英 文 名：Chinese Giant Salamander

分　　类：两栖纲、有尾目、隐鳃鲵科、大鲵属

中国大鲵主要分布于长江、黄河和珠江流域的深山峡谷的溪流中。中国大鲵是现存体型最大的两栖动物，成年体长1米以上，最大可近2米。

身体扁而粗壮，体表无鳞、光滑，皮肤腺丰富。体色偏暗，呈棕褐色，分布着不规则的黑色斑块，大鲵的色型变化较多。躯干两侧有明显的皮肤皱褶，可以扩大与空气接触面积，帮助呼吸。身体侧面的疣状突起排列形成和鱼一样的侧线感应系统，使它能根据水的波动了解周围环境变化，感知猎物的位置。大鲵没有声带，它发出的声音只是气流急速交换的产物，发情期的大鲵有时会发出像婴儿啼哭的叫声，这也是它被称为娃娃鱼的原因之一。另一个原因是它的前脚连同4个指头很像婴儿的手臂，后脚又有5个趾，形状像个娃娃。

自20世纪50年代以来，野生大鲵的数量下降了80%以上，体型大的个体也很难见到了。亿万年来，真正让大鲵遭受灭顶之灾的天敌只有一个，那就是人类。大鲵因进化独特而被认为是"淡水中的大熊猫"。我们应放下对其传说中神奇功效的迷信，去了解这一古老物种的生态魅力，大鲵并非人类不可或缺的食物来源，但却是生态系统中无可替代的关键物种。

扬子鳄

拉丁学名：*Alligator sinensis*

英 文 名：Chinese Alligator

分　　类：爬行纲、鳄目、短吻鳄科、短吻鳄属

扬子鳄，是中国特有的一种鳄鱼，主要分布在我国安徽、浙江、江西等地的局部地区。因其生活在长江流域，故称"扬子鳄"。扬子鳄是中生代时期保留下来的古老的爬行动物。在扬子鳄身上，至今还可以找到早先恐龙类爬行动物的许多特征。所以，人们称扬子鳄为"活化石"。

扬子鳄是唯一具有冬眠习性的鳄类。每年10月底开始冬眠，直至次年4月上旬才醒来。雌鳄、雄鳄只有在繁殖期才爬到一起，在非繁殖期则分居。雄鳄发情时会发出叫声，雌鳄也随之以叫声相应，具有一呼一应的特点。雌鳄在7月上旬便开始搭窝，7月中下旬产卵，卵的大小似鸭蛋，一次产卵约30枚。9月中下旬，幼鳄孵出后，便由雌鳄带领觅食。幼鳄难以在一个月内觅得足够的食物，因此，幼鳄成活率很低。对鳄鱼生存带来影响的不仅有栖息地的减少，还有人类活动排放大量碳造成的温室效应，改变了种群内的性比，导致扬子鳄濒临灭绝。

思 考 讨 论

1. 为什么中国大鲵（娃娃鱼）和扬子鳄（淡水鳄鱼）叫鱼却不是鱼？

2. 中国大鲵和扬子鳄在野外的生存受到了哪些威胁？

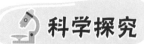

科学探究

观察：中国大鲵和扬子鳄适应生活环境的特征

1. 中国大鲵需要"山高水冷"的生活环境：茂密的森林、湿润的空气、适宜的温度、隐蔽的洞穴、流动的河水、洁净的水质、丰富的食物……正因大鲵对环境的要求如此

1

苛刻，它也被视为环境指示物种。可以看出，大鲵的生活需要_____等非生物因素，同时需要_____等生物因素。

请你观察北京动物园两栖爬行馆的中国大鲵的生活环境，哪些"丰容设施"模拟和满足了大鲵对于自然环境的需求？

2．中国大鲵（娃娃鱼）和扬子鳄（淡水鳄鱼）叫鱼不是鱼，它们分别属于什么类群？请你认真观察它们有哪些特征适应各自的生活环境呢？快来比一比吧！

比较项目		中国大鲵	扬子鳄
所属类群			
生活环境			
形态结构特征	体表		
	呼吸器官		
受精方式			
观察到的行为			

3．中国大鲵和扬子鳄的形态结构特征与生活方式、行为等都与各自的生活环境相适应。为了提高这些珍稀动物的种群数量与繁殖率，科学家尝试在实验室条件实现动物的人工繁殖。根据所学的知识，请你设计中国大鲵或扬子鳄的人工巢穴，画出设计图并注明各部分结构的名称与作用。

📖 科普阅读

中国大鲵与扬子鳄的生殖

中国大鲵活动在清澈、低温的溪流或者天然溶洞中，栖息在泥中或者阴暗的岩石缝隙中。一般在水流湍急，水质清凉，水草茂盛，石缝和岩洞多的山间溪流、河流和湖泊之中，有时也在岸上树根系间或倒伏的树干上活动，并选择有回流的滩口处的洞穴内栖息，每个洞穴一般仅有一条。洞的深浅不一，洞口比其身体稍大，洞内宽敞，有容其回旋的足够空间，洞底较为平坦或有细沙。

雌雄大鲵有各自的领地，雄性约40平方米，雄性约30平方米。每年8—9月是大鲵的繁殖产卵的高峰期，这时雄性会另选一处洞穴，与雌性相会。雌鲵和雄鲵分别将卵和精子产在洞穴中，雌鲵产下卵就离开了，由雄鲵独自在洞中承担护卵任务。每只大鲵的产卵量为400～500粒，卵之间以胶状卵带连接在一起，像一串珍珠项链。幼鲵和鱼一样用鳃呼吸，不同的是它们的3对鳃露在外面。待外鳃逐渐萎缩，长出肺泡，这时大鲵就可以离开水上岸短时间活动了。大鲵的肺泡太小，不能满足氧气需求，皮肤会承担一部分呼吸功能。大鲵要长到五六岁才能达到性成熟，成为水中王者。

产于我国长江中下游的扬子鳄体长只有1.5～2米，为我国特有种，也是唯一生存于温带的一种鳄。鳄全身披有大型坚甲，头骨略具特化的双颞窝。肺的容量大，尾部侧扁，四肢粗壮，趾间有蹼等都是适应水栖生活的特征，故又有"鳄鱼"之称。鳄的繁殖方式为体内受精，雌鳄上岸产卵，小鳄出壳后，雌鳄会把小鳄衔在嘴里，带到水中活动。

触类旁通

两栖动物是从水生开始向陆生过渡的一个类群，具有初步适应于陆生的躯体结构，但大多数种类卵的受精和幼体发育需在水中进行。幼体用鳃呼吸，没有成对的附肢，经过变态发育之后营陆栖生活。

陆地环境与水环境之间存在着巨大的差异，除温度条件最为明显之外，还有一些重要的不同，如空气含氧量比水中充足（水中溶氧量低，只适于用鳃进行气体交换的动物）、水的密度比空气大（陆生动物要把躯体支撑起来并完成运动）、水温的恒定性和陆地环境的多样性。

两栖类在适应于陆生的斗争中，基本上解决了在陆地运动、呼吸、适宜于陆生的感觉器官和神经系统等方面的问题。但两栖动物对于陆生生活的适应还不十分完善，例如，它的肺呼吸尚不足承担陆上生活所需的气体代谢的需要，必须以皮肤呼吸加以辅助。特别是两栖动物不能从根本上解决陆地生活防止体内水分的蒸发问题和在陆地繁殖问题（卵必须在水内受精，幼体在水中发育，完成变态以后上陆），因而未能彻底地摆脱"水"的束缚，只能局限在近水的潮湿地区或再次入水栖息生活。

中国大鲵作为两栖动物，它的生殖和发育离不开水。在两栖爬行馆中，除中国大鲵外，你还能找到其他动物也有类似的生殖方式吗？

叫鱼不是鱼的动物

走进北京动物园两栖爬行馆，探究中国大鲵（娃娃鱼）和扬子鳄（淡水鳄鱼），它们虽然叫鱼，但居然不是鱼！快来给它们找找"家"。

一、选一选

1. 下列属于鱼类的动物是（   ）

A. 海马   B. 娃娃鱼   C. 鲍鱼   D. 鳄鱼

2. 中国大鲵和扬子鳄都是我国特有的珍稀动物，但它们在野外的生存面临着一定的威胁，下列表述不正确的是（   ）

A. 中国大鲵的栖息地遭到破坏，使大鲵的分布区呈片段化

B. 一些人非法捕食野生的中国大鲵

C. 人类活动导致的温室效应，改变了扬子鳄种群内的性别比

D. 扬子鳄冬眠时间长，栖息地环境的破坏不会影响它们的生活

二、答一答

中国大鲵和扬子鳄分属于两栖纲和爬行纲，它们的生殖方式不同，所产的卵也有明显的区别。同学在野外发现了两种卵，请你帮忙推断哪组是中国大鲵的卵，哪组是扬子鳄的卵，依据是什么？

第一种卵

第二种卵

可从发现卵的环境、卵的形态、结构等方面分析。

开放性问题

三、想一想

中国大鲵是我国二级重点保护野生动物和国际濒危物种。自20世纪50年代以来，野生大鲵的数量下降了80％以上，体形大的个体很难见到了。根据《中华人民共和国野生动物保护法》第四条规定，国家对野生动物实行加强资源保护、积极驯养繁殖、合理开发利用的方针。第十七条规定，国家鼓励驯养繁殖野生动物，但应持有相关许可证。只有子二代以上的娃娃鱼才可以食用、开发利用。即野生娃娃鱼繁殖出来后进行人工饲养的为子一代，不能食用。子一代的下一代即子二代，可以食用开发。

请你结合上述资料和学习的生物学知识，谈一谈你对人工驯养大鲵的看法。人工驯养的大鲵能否放回大自然？

四、我的天地　　（日志、绘本、照片、手抄报等）

撰稿：卓小利　邓　晶

8 小熊猫是大熊猫小时候吗？

大熊猫

小熊猫

聚焦问题

都叫"熊猫"，一个是大熊猫，一个是小熊猫，小熊猫长大后会变成大熊猫吗？

学习导图

课标要求 尝试根据特征对生物进行分类。概述哺乳动物的主要特征。区别动物先天性行为和学习行为。

核心素养 结构与功能观，进化与适应观。生命观念、理性思维。

哺乳动物

大熊猫
北京动物园、国家动物博物馆

小·熊猫
北京动物园、北京野生动物园、国家动物博物馆

🔍 寻找证据

🏛 探究地点

北京动物园大熊猫馆；北京动物园夜行动物馆东侧的小熊猫广场。

📋 展品信息

大熊猫

拉丁学名：*Ailuropoda melanoleuca*

英 文 名：Giant Panda

分　　类：哺乳纲、食肉目、熊科、大熊猫属

中国人对熊猫的认识由来已久，早在文字产生初期就记载了熊猫的各种称谓。《书经》称貔，《毛诗》称白罴，《峨眉山志》称貔貅，《兽经》称貉，《本草纲目》称貘，等等。大熊猫体色为黑白两色，它有着圆圆的脸颊，大大的黑眼圈，胖嘟嘟的身体，标志性的内八字的行走方式，也有锋利的爪子。

大熊猫生活的6块狭长地带，包括岷山、邛崃山、凉山、大相岭、小相岭及秦岭等几大山系，横跨四川、陕西、甘肃3个省的45个县（市），栖息地面积达20000平方千米以上，种群数量约1600只，其中80%以上分布于四川省境内。它们活动的区域多在坳沟、山腹洼地、河谷阶地等，一般在20°以下的缓坡地形。这些地方森林茂盛，竹类生长良好，气温相对较为稳定，隐蔽条件良好，食物资源和水源都很丰富。

大熊猫的牙齿和消化系统都适合吃肉，但进化的结果却变成了专门吃竹子的植食性动物。表面上看，这似乎并不符合进化的规律。与其他植食性动物相比，大熊猫的消化道较短，这就意味着它们吃进去的食物不会在身体里停留太久，使养分被充分吸收。此外，大熊猫的肠道中还缺少能够分解纤维素的微生物（纤维素是植物组织中很难被分解的一种成分）。大多数植食动物都有相应的器官，能够消化80%的食物，而大熊猫只能消化不到17%的食物。然而，自然选择并没有将大熊猫置之不顾，而使其陷入困境。为了弥补消化系统上的不足，大熊猫进化出了能够连续不停地大量进食的能力。

小熊猫

拉丁学名: *Ailurus fulgens*
英文名: Lesser panda
分类: 哺乳纲、食肉目、浣熊科、小熊猫属

"熊猫"这个名称其实是小熊猫先取得的，但是后来的大熊猫更广为人知，所以单称"熊猫"的时候多指的是大熊猫。法国的博物学家乔治·居维叶的弟弟、动物学家弗列德利克·居维叶看到小熊猫的标本相当感动，因此以希腊文中的"火焰色的猫"作为其学名。

小熊猫四肢粗短，背部毛色为红棕色，其眼眶和两颊甚至连嘴周围及胡须都是白色的。最好看的是一条蓬松的长尾巴，其棕色与白色相间的九节环纹非常惹人喜爱，另外一个称呼"九节狼"的别名因此而得。

小熊猫是夜行性生物，主要生活于喜马拉雅山脉的南坡和中国西南的森林，海拔3000米以下的针阔混交林或常绿阔叶林中有竹丛的地方。它们大部分时间都在树枝上或是树洞中休息，只有在接近晚上的几个小时比较活跃。对于温度十分的敏感，大约是在17~25℃，无法忍受超过25℃的温度。

思 考 讨 论

1. 大熊猫和小熊猫都是哺乳动物，它们有哪些共同的特征？

2. 大熊猫和小熊猫在形态结构和行为表现上有哪些相同点和不同点？小熊猫是大熊猫小时候吗？

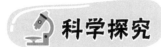 科学探究

观察：大熊猫和小熊猫的行为

观察并记录大熊猫和小熊猫的行为，尝试区分这些行为属于先天性行为还是后天性行为，并填写下表。

观察时间：		观察地点：	
动物	观察到的行为描述		行为类型
大熊猫			
小熊猫			

📖 科普阅读

大熊猫和小熊猫的"第六趾"

大熊猫的爪子除五趾外还有一个伪拇指。这个"拇指"其实是由一节腕骨特化形成，学名叫作"桡侧籽骨"，这个"大拇指"可以与其他五趾配合，很好地握住竹子。在大熊猫爬树时也能起到一定的作用。

因为大熊猫以前是食肉动物，它后来慢慢改成吃竹子以后，为了便于抓握竹子，慢慢地发育形成了一个指垫。它没有任何关节，只是一个固定的点，没有像其他的手指头一样的籽骨、尺骨和桡骨，相当于人的大手指一样，能够协助其他手指卡住竹子。还有一些动物也像大熊猫一样拥有伪拇指，比如小熊猫。

小熊猫的爪骨有一部分凸起成趾状，可作为第六个脚趾辅助抓握东西，法国和西班牙科学家最近的研究发现，这个第六趾在进化史上曾帮助小熊猫的祖先"安身立命"。小熊猫这一物种已生存了900多万年，它的祖先被称为古小熊猫。对于小熊猫的第六趾，曾有人认为它的用处相对不大。法国国家科研中心实验室专家与西班牙同行合作研究后认为，通过研究古小熊猫的化石，科学家发现它们是食肉动物，这与现在小熊猫主要吃植物的食性不同，因此古小熊猫第六趾的功能不会像现在一样仅用来辅助脚爪抓住竹子等食物。

　　科学家认为，古小熊猫的第六趾是用来攀爬树木的有效工具。他们分析说，第一，化石表明古小熊猫的身体结构特别适合爬树；第二，古小熊猫生存在众多猛兽出没的年代，因此那个帮助爬树的第六趾对于古小熊猫来说就显得非常重要。在西班牙新出土的许多古小熊猫化石，支持了法国和西班牙科学家的这种假设。几百万年后，自然环境和小熊猫的生活方式都发生了改变，第六趾的功能已不再重要，它目前的用途只是帮助抓握食物。

触类旁通

　　手是一个极其复杂的结构，它是由远古鱼类的胸鳍演化而来的。刚开始骨之间是相互连接在一起的，其后渐渐进化出手的结构，并且手指分开，能够相对独立的运动。手指独立运动能力在进化历程中是非常重要的，它使得手能够灵巧操作和使用工具，完成大量精细活动。

　　大熊猫和小熊猫的"第六趾"在它们取食过程中，发挥着重要作用。

　　人手的结构使得人类不仅能够完成抓握，还能完成很多精巧的细致动作。人类和大熊猫、小熊猫同属哺乳纲的动物，人类的手与大熊猫、小熊猫的爪和趾有哪些不同之处？

小熊猫是大熊猫小时候吗？

大熊猫和小熊猫虽然只有一字之差，但它们是不同的物种，分属于熊科和浣熊科。走进北京动物园，来认识一下同样可爱的两种哺乳动物吧！

一、选一选

1. 大熊猫和小熊猫都具有的特征是（　　　）

A. 尾比较长　　B. 身体具有黑白两色　　　C. 夜行性　　　D. 胎生、哺乳

2. 下列对大熊猫和小熊猫的描述正确的是（　　　）

A. 小熊猫长大就变成了大熊猫

B. 大熊猫和小熊猫虽然名字只有一字之差，但属于不同种生物

C. 大熊猫的牙齿和消化系统都适合吃肉，应该给它饲喂肉类

D. 小熊猫是昼行性动物，白天十分活跃

二、答一答

大熊猫和小熊猫均为食肉目的动物，但它们都特化为以竹子为食。竹子是一类低营养价值的食物，大熊猫和小熊猫如何利用竹子为生呢？

请结合身体结构特征、食物来源、取食习惯等方面加以分析。

三、想一想

1. 北京动物园的大熊猫都有自己的呼名、性别、出生地点、出生日期、谱系号的记录。想一想为什么动物园圈养的大熊猫都需要记录谱系号？这在大熊猫物种的种族繁衍中有什么意义？

2. 圈养动物与野生动物的生活环境有着巨大的差别，动物园中会通过环境丰容模拟野外栖息地环境，展示动物的自然行为。大熊猫在生长过程中需要学习很多技

能，北京动物园熊猫馆有攀爬用的梯子、游戏的秋千等设施。请你为大熊猫设计一个玩具，并说明玩具的作用。

四、我的天地 （日志、绘本、照片、手抄报等）

撰稿：卓小利　邓　晶

夜探动物园，猜猜你会遇见"谁"？

聚焦问题

白天游览动物园，你会发现有些动物总是昏昏欲睡。你想在夜晚游览动物园吗？如果夜探动物园，猜猜你会遇见"谁"？

学习导图

课标要求   区别动物的先天性行为和学习行为。

核心素养   结构与功能观、进化与适应观、理性思维。

节律行为

狼
北京动物园

赤狐
北京动物园

斑鬣狗
北京动物园

🔍 寻找证据

🏛 探究地点

在北京动物园犬科动物区，你会发现狼、狐、鬣狗等动物总是无精打采，昏昏欲睡。如果你有机会参加北京动物园的"夜晚精灵"项目活动，你将见到不一样的它们。

🏷 展品信息

狼

拉丁学名：*Canis lupus Linnaeus*

英 文 名：wolf

分　　类：哺乳纲、食肉目、犬科、犬属

> 夜行性动物：每天的活动具有周期性，即白天休息，夜间进行摄食、生殖等活动。部分夜行动物具有发光器官。夜行动物的节律性主要受体内的生物钟的支配。

狼的外形与狗、豺相似，足长体瘦，斜眼，上颚骨尖长，嘴巴宽大弯曲，耳竖立不曲，胸部略微窄小，尾挺直状下垂夹于两条后腿之间。毛色随产地而异，多数毛色呈棕黄或灰黄色，略混黑色，下部白色。

狼不畏严寒。夜间活动多，嗅觉敏锐，听觉很好。机警，多疑，善奔跑，耐力强，常采用穷追的方式获得猎物。狼群以核心家庭的形式组成，包括一对配偶及其子女，有时也包括收养的未成年幼狼。

栖息范围广，适应性强，山地、林区、草原，甚至冻原均有狼群生存。我国除台湾地区、海南省以外，其他各省区均有分布。

赤狐

拉丁学名：*Vulpes vulpes*

英 文 名：red fox

分　　类：哺乳纲、食肉目、犬科、狐属

赤狐是狐属中体形最大、最常见的，成兽体长约70厘米，后足长13.5～17.2厘米，头骨之颅基长13.4～16.9厘米。体形纤长。吻尖而长，鼻骨细长，额骨前部平缓，中间有一狭沟，耳较大，高而尖，直立。

赤狐的栖息环境非常多样，如森林、草原、荒漠、高山、丘陵、平原和村庄附近，甚至于城郊，皆可栖息。主要以草地田鼠、鼠、松鼠、兔鼠类为食，也吃野禽、蛙、鱼、昆虫等。

赤狐的眼睛适于夜间视物，在光线明亮的地方瞳孔会变得和针鼻一样细小，但因为眼球底部有反光极强的特殊晶点，能把弱光合成一束，集中反射出去，所以在黑夜里常常是发着亮光的。

斑鬣狗

拉丁学名：*Crocuta crocuta*

英 文 名：spotted hyaena

分　　类：哺乳纲、食肉目、鬣狗科、斑鬣狗属

如果你看过迪士尼的动画片《狮子王》，你一定记得里面有三只大反派——土狼。电影里所描绘的动物真名叫"斑鬣狗"，而土狼是指鬣狗家族的另一种动物。虽然叫鬣狗，但鬣狗家族是与犬科不同的单独一科，它现存的成员只有4种：斑鬣狗、缟鬣狗、棕鬣狗和土狼。北京动物园展出的是斑鬣狗。

斑鬣狗的前肢比后肢长，前身比后身大，这在食肉动物中是不多见的，这使得它跑起来的姿势像熊一样，速度不快，但它们的长项是耐力，能长时间追赶猎物，当猎物疲惫不堪时再发起攻势。斑鬣狗的脖子很长，而且粗壮有力，这说明它们具有强大的力量撕扯猎物，它们的爪子不像猫科动物那样锋利，但它们一旦咬住猎物决不撒嘴。脖子和肩膀的构造形成杠杆作用，即使猎物在挣扎中扭转、猛扯，斑鬣狗都能紧咬不放。

斑鬣狗的消化能力也超强，这是因为它们有强力的胃酸，可以消化整头猎物，包括骨头、皮肤、牙齿、角、蹄子统统吃掉，最后只有猎物的毛不被消化。由于摄入了大量的骨骼，它们的粪便形成白钙粉末，在夜晚如同信号灯，可以作为标记领地的"记号笔"。

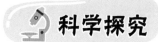

思 考 讨 论

1. 节律行为是一种先天性行为还是后天学习行为？

2. 夜行性动物有哪些与夜间活动相适应的特征？

科学探究

观察夜行性动物的生活

1. 活动准备

夜晚探秘动物园装备：手电、夜视仪、防蚊水、夜探动物园自制地图。

2. 观察并描述夜行性动物的生活，在地图上标记你所观察到的夜行性动物。重点观察狼、赤狐和斑鬣狗，除这3种目标物种外，你还观察到哪些夜行性动物？请记录在下表中。

夜行性动物观察记录表

动物名称	发现区域	观察到的行为	与夜行生活相适应的结构
狼			
赤狐			
斑鬣狗			

3．在自制的北京动物园地图上，标记出你所观察到的夜行性动物。

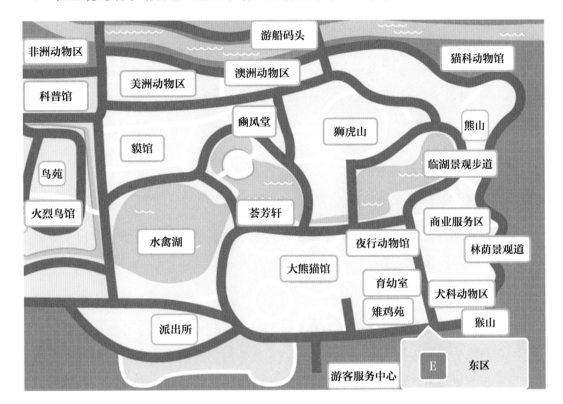

科普阅读

生物对时间的反应

　　地球由于本身的运动规律，有明显的时间上的交替变化过程。生命活动的最终能源太阳能也有周期节律性变化。生物对这些节律性变化能做出种种时间上的反应。生物的这种反应可以用节律性来说明。生物节律又称节律行为，指动物活动和行为表现出的周期性现象。不同种类的生物有各自活动的时间和空间，生物体内与环境周期性变化相对应的周期性变动，称为生物节律。

　　昼夜节律是指动物的昼夜行为特别明显。根据动物的这种习性可以把动物分为昼行性、晨昏性和夜行性等几个类型。属于夜行性的动物有兽类中的虎与豹、飞行的哺乳小兽——蝙蝠、爬行类中的蛇、鸟类中的猫头鹰、昆虫中的蛾类等。这些夜行动物由于适应夜间活动，在外形结构和生理习性各方面发生了相应的多种变化。

虎、豹等兽类的嗅觉异常敏锐。蝙蝠产生了声导系统，在飞行中从喉腔中不断发出高频率超声波，具有定向导航作用。有的夜行昆虫发展了夜间发光器官，如萤火虫的尾部发光器可以发出熠熠生辉的荧光。猫头鹰有多方面的夜行适应特性，如眼的瞳孔大，能看清黑暗处的物体；耳孔大听觉灵敏；羽毛柔软，在寂静的夜间飞翔时毫无声息，不易被其他动物发现。

触类旁通

动物行为周期性地重复发生的现象被称为行为节律，动物行为节律可分为年节律、月节律、潮汐节律、昼夜节律等。

1. 年节律

气候的季节周期变化对动物的行为有着重要影响，动物常常靠迁移和冬眠躲过不利季节，而在有利季节进行生殖。对有些动物来说，行为的年周期变化是由体内的生物钟决定的。行为的年节律现象在动物界是普遍存在的，它能使动物预先知道环境条件的季节变化并及时做好应对的准备，这种机制有利于使动物的行为与环境因素的周期变化保持同步，这对动物的迁徙、冬眠和生殖尤其重要。

2. 月节律和潮汐节律

很多动物的行为节律都与月节律保持一致。在实验室内所进行的研究大都与动物的潮汐节律有关。潮汐现象是由太阳和月球的引力变化而引起的，在1个月周期内发生2次潮汐现象。动物体内的生物钟能使其预知大潮和小潮到来的时间，因而使自己的活动与潮汐变化保持同步。如招潮蟹在低潮时出洞，活跃地进行觅食和求偶活动，每当潮水上涨前便又退回洞内。

3. 昼夜节律

地球上的大多数动物都会经受昼夜条件的巨大变化，温度和光照强度的变化可直接影响动物的行为，而食物资源量和天敌数量的变化则能间接影响动物的行为。自然界大多数动物都具有活动与不活动（休息）相会交替的生活节律，这对动物有很多好处。只在白天才能视物的动物，夜晚对它们就很不利，因为此时它们不能进行觅食活动，而且容易遭到捕食，对这样的动物夜晚睡眠是最好的选择，睡眠不仅能节省能量，而且能躲避天敌。

你能结合某一种节律行为，列举出一种动物的实例吗？请尝试解释此种节律行为对于动物的生存有哪些益处。

学习任务单

夜探动物园，猜猜你会遇见"谁"？

动物的昼夜活动节律是一种复杂的生物学现象，它是对各种环境条件昼夜变化的一种综合性适应，这包括对光、温度、湿度等非生物条件和食物条件、种内社群关系和天敌等种间关系这些生物因素的适应。

选择题

一、选一选

1. 狐多在晚上出来活动、觅食。下列对该种行为的解释中，正确的是（　　　）
①是先天性行为　②是学习行为　③是由遗传因素决定的　④是由环境因素决定的

A. ①③　　　B. ①④　　C. ②③　　D. ②④

2. 狼是夜行性动物，下列与狼的夜行生活相适应的特征是（　　　）

A. 狼的四肢修长，利于快速奔跑

B. 狼的犬齿及裂齿发达

C. 狼的嗅觉敏锐，听觉很好

D. 以核心家庭的形式组成狼群

非选择题

二、答一答

夜行性动物可以在夜间进行捕食，与其发达的感官有密切的联系。夜行性动物的感官有哪些特殊的结构呢？可以从眼、耳、鼻等感觉器官进行分析。

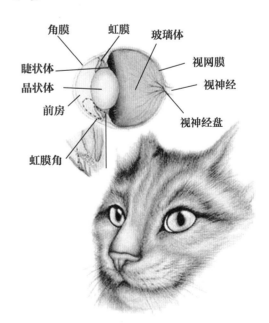

开放性问题

三、想一想

　　夜行性动物的节律性主要受体内生物钟的支配，不仅是动物，人类的节律行为也受体内生物钟的支配。甚至植物也有生物钟，比如有的植物专门在夜晚的时候开花。夜行动物，经过长期的进化，进化出了适应夜晚活动的器官和生物钟。当我们在白天看到它们时，请尽量不要打扰它们，不要因为满足自己的欲望而牺牲动物应有的权利。

　　夜行性动物为什么在晚上活动，而在白天休息？请你拟定一个研究课题，如"夜行性动物夜晚活动的原因探析"，尝试通过文献查询、观察、专家访谈等方法完成自己的小课题研究。

　　请为北京动物园的犬科动物区设计一条标语，提醒游客在观赏夜行性动物时的注意事项。

四、我的天地 　（日志、绘本、照片、手抄报等）

撰稿：卓小利　邓　晶